林下参种植光环境的
动态预测与评价

刘 煜 著

科学出版社

北京

内 容 简 介

本书以林下参种植光环境为研究对象,提出了一种非线性快速Fourier分解算法以解决光环境实测信号的随机噪声干扰问题;同时采用机器学习和模式识别理论,构建了基于偏最小二乘算法的净光合速率预测模型和基于自适应神经模糊推理系统的净光合速率预测模型;并通过对典型试验样地进行数据采样与分析,验证了所建模型的有效性和可行性,进而设计了林下参种植光环境监测和采集系统;最后基于MATLAB平台完成了林下参种植光环境预测与评价系统的集成开发,构建了林下参种植光环境地域栽培适宜性综合评价指数,作为指导林下参种植的重要依据。

本书在研究林下参种植光环境的过程中侧重于数学分析工具在农业生产领域的有效应用,既适合林下参相关研究人员作为参考书籍,也适合从事数据模式识别的研究人员阅读与参考。

图书在版编目(CIP)数据

林下参种植光环境的动态预测与评价/刘煦著. —北京:科学出版社,2017
ISBN 978-7-03-052944-2

Ⅰ.①林⋯ Ⅱ.①刘⋯ Ⅲ.①人参-种植-照明-研究 Ⅳ.①S567.5

中国版本图书馆 CIP 数据核字(2017)第 117939 号

责任编辑:裴 育 纪四稳 / 责任校对:桂伟利
责任印制:张 伟 / 封面设计:华然天路

科 学 出 版 社 出版
北京东黄城根北街 16 号
邮政编码:100717
http://www.sciencep.com

北京教图印刷有限公司 印刷
科学出版社发行 各地新华书店经销

*

2017 年 6 月第 一 版 开本:720×1000 B5
2017 年 6 月第一次印刷 印张:8
字数:161 000

定价:**80.00 元**
(如有印装质量问题,我社负责调换)

前　言

　　人参在我国具有几千年的应用历史,曾分布较广。随着野生资源被过度开发,野山参资源已基本枯竭。园参栽培方式历史悠久,但传统采用的伐林栽参、参后还林的栽培方法,造成了较严重的生态破坏,此外还存在着因使用农药造成的人参中有效成分含量较低、农药残留超标等,导致高产低价、出口受限等问题。因此,充分利用林地、不破坏资源、提高生态效益的林下参栽培方式逐渐受到重视,其品质虽不能与野山参相提并论,但价值远高于园参,深受市场青睐。人参作为喜阴植物,具有喜气候寒凉和湿润、怕强光、忌高温、耐严寒的特性,因此种植过程中对光照条件要求十分严格。光照过多时,人参生长受到抑制,叶片组织易受破坏,光合作用也受到抑制;光照不足时,植株矮小瘦弱,生长不良。可以认为,林下光环境是林下参发育及生态系统作用过程的关键性因素,因此光环境的研究及其评价与预测已成为合理指导林下参种植的首要问题。

　　本书针对林下种植生态环境中重要的光环境问题,利用机器学习和自适应数据处理理论,探索种植区域内太阳辐射变化与遮阴作用协同影响下的林下光环境变化动态模型及人参个体和群体的受光动态模型;揭示林下参光环境的动态变化及其对人参光合生理及生长发育的影响规律;创建种植区域的光环境预测与评价系统,为生产、投资风险评估和分析提供理论依据,对林下参种植的温度、湿度、土壤因子及植被类型的选取等其他生态环境的分析和评价机制具有借鉴意义,也为林下其他植被的研究和生产提供了有益参考,有助于发挥其最佳的经济效益、生态效益和社会效益。

　　本书主要研究内容如下:

　　(1)针对林下参种植光环境相关物理量测定过程中存在的随机干扰问题,提出适用于处理非平稳信号的非线性快速 Fourier 分解算法。为便于实际应用,书中给出了算法步骤,并选择具有不同参数基底展开函数的数值算例进行分析,分析结果表明,非线性 Fourier 展开的逼近精度要显著高于线性 Fourier 展开。通过对含有随机噪声的仿真信号和净光合速率实测数据信号应用非线性 Fourier 分解算法进行降噪处理,验证了该算法的有效性与可行性,较好地解决了高维试验数据预处理的难题。

（2）针对林下参的种植光环境特点，利用智能计算在解决自适应模型预测时的算法优势，重点对偏最小二乘（PLS）算法的算法要求、成分提取和建模步骤进行深入探讨，并根据实测的林下参光合作用因子数据，利用该算法实施成分提取和分析，获得林下参净光合速率的 PLS 多因素分析模型，进而对各个变量的回归系数分布情况及其与因变量的相关性进行分析，分析结果表明，该模型具有较好的预测效果。

（3）采用逐步回归分析方法，建立红松林木的冠幅生长预估模型、冠长生长预估模型及基本树高预估模型，且模型具有较高的精度。通过采用主成分提取以及权重分析，获得林下参净光合速率的多因素分析模型。利用自适应神经模糊推理方法，构建基于自适应神经模糊推理系统的净光合速率预测模型，通过对模型的检验以及典型试验样地的验证，结果表明，该模型泛化能力强、预测精度高。

（4）针对传统光环境数据采集方法存在的问题，设计具有良好降噪功能的林下参种植光环境数据实时监测和采集系统。一方面，编制采集系统底层算法软件和采集系统图形用户交互界面，完成软件架构的设计；另一方面，利用微控制器系统完成硬件平台设计开发，实现对光环境数据的实时监测。

（5）对林下参种植的地理、气候和植被等生态条件的适宜性进行详尽归纳和分析，采用模糊集理论研究并设计生态适宜性综合评价指数，建立光环境综合评价模型，进而构建林下参种植光环境预测及评价系统。该系统集成了林下参遮阴屏障——树木的生长模型预测算法，以及衡量人参光合效率的重要指标——净光合速率的模型预测算法，能够在综合分析各方面生态条件的基础上，对林下参种植光环境的地域栽培适宜性作出综合评价。

目　　录

第 1 章　绪　　论

1.1　研究背景及意义

　　人参,属五加科(Araliaceae)植物,古代也称为"人葠"、"人薓",别号"地精"、"神草",在我国具有数千年的应用历史,被誉为百草之王。最早的中药学专著《神农本草经》记载着中国 4000 年前就已经形成的人参药用精髓,称:"人参,味甘微寒,主补五脏,安精神,定魂魄,止惊悸,除邪气,明目,开心益智。久服,轻身延年。一名人衔,一名鬼盖。生山谷。"人参的拉丁学名为 Panax Ginseng C. A. Meyer,为俄罗斯植物学家卡尔·安东·冯·迈耶(Carl Anton von Meyer,1795—1855)于 1843 年命名,沿用至今。其中的属名 Panax 是一个希腊复合词汇,由 Pan(意为一切的,所有的)和 Axos(治疗,药用)复合而成,表示该植物为一种治疗百病的药物;种名 Ginseng 为中文人参的汉语音译,可见在西方,人参也被视作神奇的仙草。

　　长久以来,我国人参的主要生产方式是采挖野山参与园参栽培两种。野山参是指自然生长于深山密林中的原生态人参,因其所具有的神奇疗效与产品的稀缺性而深受市场青睐。根据古地质学家和古生物学家的分析与推断,人参是地球上最古老的孑遗植物之一。多数学者认为,在地球上被子植物极为繁盛的第三纪(距今 6500 万年~距今 180 万年),人参在植物界广为繁衍,地理分布较广。现代,世界范围内公认人参分布在北纬 38°~48°范围内。古时我国太行山脉、长白山脉、大小兴安岭为人参主要分布地区,东汉许慎在公元 121 年撰写的《说文解字》中对其解释为:"参,人参,药草,出上党。"这是文献中对人参产地的最早记载。20 世纪 50 年代,野山参资源缩小到北纬 40°~48°、东经 117.6°~134°的有限范围内。目前,我国野山参资源仅零散分布于头道松花江、二道松花江邻近的抚松、靖宇、桦甸、敦化、安图,鸭绿江畔的长白、临江、集安等地的原始森林区间中。由于自然环境的变迁和人类生活对生态的持续影响,特别是多年来的过度采挖与对野生资源的过度开发,野山参产量逐年下降,资源已基本枯竭,处于濒临灭绝的边缘。据不完全统计,20 世纪 20 年代前后吉林省年产野山参高达 750kg,到了 80 年代年产量不足 200kg,

近年来更是急剧减少。80年代，野山参已被列为我国的一级重点保护植物，1992年被列为国家的珍稀濒危植物。

古人从采挖野山参的经验中逐步学会了山参的移栽方法，形成的园参栽培方式迄今已有2000多年的悠久历史。据《晋书·石勒别转》记述："家园中生人参，花叶甚茂，悉成人状。"可见我国的人参栽培至少在魏晋时期就已开展。园参栽培具有种植面积广、产量大的特点。但传统采用的伐林栽参、参后还林的栽培方法，已经造成较为严重的生态破坏。据统计，20世纪90年代，我国东北地区约有150000hm²（1hm² = 10⁴m²）的森林被毁在了人参种植业上。再加上种参后不能及时还林和措施不当，使得水土流失严重，加剧了环境的恶化。同时这种传统的伐林栽参、参后还林栽培方式还会改变土壤结构，易导致土壤板结，并将对物种资源的多样性及生物链的恢复产生较大影响。相关研究表明，伐林栽参毁坏的不仅是高大的乔木、地面灌木及草本植物，而且通过烧荒清根破坏了大部分的原有物种。通过参后还林，即用人工林替代天然的野生林之后，物种大幅度减少，其中乔木种类就减少了90%以上，灌木和藤本植物种类减少几乎为100%，草本植物种类减少90%以上。此外，伐林栽参、参后还林的传统园艺栽培种植方式一般需要使用农药防治病虫害，缩短生长周期，致使成品人参中的有效成分含量相对较低，淀粉含量较高，并存在农药残留超标、加工质量差等问题，导致高产低价、出口受限等市场制约。

正是随着以上问题的出现，林下参栽培逐渐受到重视。林下参（全称为林下山参）是指人工把人参种子撒播到天然林中，任其自然生长，野生抚育短则10年，长则20年，年限越长，价值越高，在品质上虽不能与野山参相提并论，但远远高于园参。生长年限达20年的林下参基本可以达到野山参的水平。林下参的种植会充分利用林地，不破坏资源，提高生态效益。同时，利于林地的立体经营，以林养参，以参护林。

人参为喜阴植物，长期在山林环境中生长，经过系统发育，适应中温带大陆性季风气候，具有喜气候寒凉和湿润、怕强光、忌高温、耐严寒的特性。人参对光照要求很高，前期研究表明，最适应的光照要求为年日照时数为2200～2700h，日照率为50%～60%，林分郁闭度为0.6～0.8。如果光照强度超过全日照的75%～90%，则生长受到抑制，叶片组织易受破坏，降低光合作用；但光照不足时，植株矮小瘦弱，生长不良。

由于人参对光的要求非常严格，而且光因子又是影响植物光合作用的主导因子，所以近几十年来，科研人员一直开展着以指导园参种植为目的的光环境研究工作[1,2]。随着林下参抚育的发展，如何科学地指导种植林下参已经成为研究热点。林下自然光环境远比园参栽培下的光环境的组成和变化复杂得多,有了天然林的上层林冠,直接导致林下光可用量的降低,改变了植物水分关系,提高了肥力水平[3]。林下光环境的空间变化远大于其他任何植物的可利用资源,而且自然光易受植被冠层的动态影响,从而使得光因子在众多环境因子中成为最可能限制林下参生长发育的影响因子。所以,林下光环境研究也是科学指导林下参栽培的首要问题[4]。

1.2 研究现状分析

1.2.1 光环境研究现状

林下光环境被人们认为是林下植被生长发育、生态系统作用的决定性因素,它的空间变化远大于其他任何植物的可利用资源。通常光对植物的生态作用包括日照长度、光照强度以及光谱成分的对比关系等成分,其时空变化导致了林下不同位置的光环境的差异[5]。

人参作为喜阴植物,对光的要求十分严格。太阳光的变化、植被冠层的动态影响,使得光因子在众多环境因子中占有极其显著的地位,最有可能成为林下参生长发育的抑制因子。

国内外在森林植被的植物群落生态环境、人工林光环境特征、树木的光合速率及其与植株生长和材积产量的关系、光能在光合作用不同过程中的分配、环境因子和邻体分布对植株的影响、植物耐阴策略及光破坏防御机制等方面有深入的理论研究,并取得了一定的科研成果,但对于林下不同光环境动态变化的特征对林下参生长发育及光合生理影响的相应研究较少,而且现有研究多数为地点选择的定性分析和静态的指导性描述,缺少生态环境尤其是光环境的动态、定量描述。

光照强度是影响生物量积累和植物生长的重要环境因子。光照强度作为光合作用的主导因子,其动态变化直接影响着植物的光合生理变化和光合作用的进程。随着光照强度的减弱,光合作用呈下降趋势,植物体内有机物的积累减少,生长受阻,进而引起生物量下降,更甚者会导致植株饥饿死亡。植物在强光照射下,光合作用也会受到抑制[6]。光照强度的日动态变化是目前人参生长光环境研究的主体。人们的研究内容一方面包括绘制栽培人参区域光强日变化曲线,定性分析光强变化幅度及规律并确定峰值出现的时间,另一方面则是通过搭建荫棚调节透光率,将不同光强日变化与光合作用进程进行综合定性分析,得到人参的适宜光照强度及其对光合速率的影响。

林内太阳辐射的量效应也是近年来林业及植物生态学领域关注的主要问题之一。地面的太阳辐射由直射辐射和散射辐射组成。人们从森林生态系统对光能的利用及农林间作对光能分配的要求两个角度,展开包括直射辐射、散射辐射及总辐射在内的一系列研究,其中包括:林下光分布模型、林下太阳辐射时空变化理论研究[7,8],以及辐照特征与林下植物生长、产量效应的关系[7-9]等。

现有的人参光环境研究多是从指导园参栽培出发,以满足园参栽培的理论需要为目的,主要以参棚下的光环境为研究对象,偏重于林下栽参光环境因子动态定量研究和微观的人参光合生理的光适应研究还很少,这直接限制了林下参种植的光环境评价系统的建立,使得林下参栽培缺乏科学的理论指导。

1.2.2 试验数据的挖掘及处理

为了对光环境进行深入研究,需要获取大量有效的试验数据作为分析基础,这其中包括两方面的主要工作,一方面要通过科学的试验设计方法和采用高效的专业仪器设备来采集大量数据信号;另一方面要通过有效的数据处理方法对采集到的大量试验数据进行预处理,去粗取精,提炼最有价值的信息。与数据采集相比,数据处理往往更为重要,有效而实用的数据处理方法能够从大量、高维、非线性信号中挖掘最有用的信息,而这正是进一步分析和预测光环境的重要前提。

现代仪器设备对数据的获取一般都是以信号为载体,因此对作为数据的编码形式——信号的处理技术是现代高科技的一个重要研究领域。从数学的观点来看,信号表示就是利用函数空间的完备正交基将信号(函数)展开,从而获得体现信号内在特征的表示形式。信号分析和处理的经典工具是 Fourier 分析,它的本质是将信号表示成不同的具有固定频率的简单谐波的线性叠加。Fourier 变换是时域到频域相互转化的工具,其实质是将时间 t 作自变量的时域函数 $f(t)$,通过指定的积分运算,转化为频率 ω 作自变量的频域函数 $F(\omega)$,$f(t)$ 和 $F(\omega)$ 是同一种能量信号的两种不同表现形式。$f(t)$ 表示时间信息而隐藏了频率信息,$F(\omega)$ 表示频率信息而隐藏了时间信息。Fourier 变换的优点是用来分析的基函数 $e^{i\omega t}$ 是一组正交函数,易于分解,即易于计算各分量的大小;两个信号在时域中的卷积的 Fourier 变换等于两者变换后频域中的乘积,这给计算带来很大的方便;后期发展的快速 Fourier 变换(FFT),可以在很短的时间内进行谱分析,实测时使实时分析成为可能。

　　然而,Fourier 分析对信号处理的有效性是基于信号的线性和平稳的假设,也就是说,Fourier 分析不适用于非线性、非平稳信号,这是因为 Fourier 分析不能为信号提供时频局部化表示,从而无法揭示非线性、非平稳信号的频率随时间变化的本质。无论是自然界中的信号还是人工产生的信号,几乎没有严格满足线性和平稳性条件的,从而利用 Fourier 分析进行近似的、不严格的处理将会导致不理想的分析结果。Fourier 分析的这种缺陷将为其在信号处理领域的应用带来极大的局限性。

　　为了克服 Fourier 分析的局限性,从而更好地处理非线性、非平稳信号,人们对 Fourier 分析进行了推广乃至根本性的改进[10-12]。所提出的方法,如加窗 Fourier 变换、小波分析、Wigner-Ville 分布等都依赖于 Fourier 分析,它们试图修改 Fourier 分析的全局表达,均存在着一定的缺陷。非线性、非平稳信号的本质是频率随时间而变化,因此研究非线性、非平稳信号的关键是瞬时频率的概念。基于这一想法,20 世纪 90 年代中期,美国工程院院士黄锷(N. E. Huang)提出了一种适用于非线性、非平稳信号处理的新方法——Hilbert-Huang 变换(HHT)[13-15]。该方法旨在将信号自适应地分解为有限个内蕴模型函数(IMF)和一项没有频率意义的尾项的和,对这些 IMF 进行 Hilbert 变换可以得到有物理意义的瞬时频率和时频能量分布。除了尾项,这种分解可以看成将原始信号按自适应基底-IMF 进行展开。由于这种分解以局部特征时间尺度为基础,所以适用于非线性、非平稳信号。近些年来,HHT 已被成功地应用于地震信号分析、海洋波动数据分析、地球物理探测和结构分析、桥梁及建筑物状况监测等诸多领域[16,17]。然而,该方法缺乏完善的数学理论基础,因此理论分析还存在困难,这使得该方法的应用研究远未得到应有的开发前景。在 HHT 的数学理论研究方面,近年来也取得了一些成果[18-21]。

　　基于对瞬时频率的考虑,中山大学许跃生教授等构造了信号空间中一族带有单参数或多参数的标准正交基[22]。该族基底中每一个基函数都具有物理意义的瞬时频率,同时,对比于传统的 Fourier 基函数,该族基底中的基函数具有非线性的相位,从而有非常值的瞬时频率。因此,称该族基底为非线性 Fourier 基。进一步地,还对单参数非线性 Fourier 基底建立了对函数的快速分解算法——快速非线性 Fourier 展开[23],给出了该算法的收敛阶及计算复杂性分析,并且利用数值实例初步探讨了该族基底相对于传统 Fourier 基底用于函数表示的优越性。基于非线性 Fourier 基函数的瞬时频率的特点以及其严格的理论构造和相应的快速分解算法的构建,有理由期望能够在其基础上建立理论完善的函数自适应非线性 Fourier 逼近方法,并将其应用于非线性、非平稳信号的处理领域。

在很多应用领域,常常需要处理大量的、结构复杂的高维数据。高维函数的张量积型 Fourier 逼近在理论分析和实际应用中都起着重要的作用。然而,即使是利用快速 Fourier 变换,其计算量也是极其庞大的。为了克服这种局限性,从理论和实际应用两方面引入了高维函数的稀疏 Fourier 逼近[24,25]。该方法在稀疏网格中建立了 Fourier 展开,仅保留了低频成分和必要的高频成分,却与张量积型 Fourier 展开具有相同的逼近阶并极大地降低了计算量。但是,在稀疏 Fourier 逼近中,计算相应的 Fourier 系数仍然是一个富有挑战性的问题,这是因为在此过程中需要计算高维振荡积分。

1.3　本书研究目标和研究内容

1.3.1　研究目标

(1) 通过对林下参种植光环境的深入分析研究,采用基于机器学习和模式识别的方法,构建其多因素预测模型,并在此基础上设计开发一套林下参种植光环境预测与评价系统,通过对现有的地理、气候和植被等信息进行推理计算,最终得到林下参栽培的生态适宜性指数,为林下参的培育生产提供有益的技术支持。

(2) 基于非线性 Fourier 稀疏逼近理论,通过分析推导,提出一种面向自适应数据处理的非线性 Fourier 逼近方法,从而提高对复杂含噪数据信号的高效处理。在此基础上,开发一套具有高效降噪处理功能的光环境数据采集系统。

1.3.2　研究内容

(1) 面向自适应数据处理的非线性 Fourier 分析方法研究。现有研究表明,经典 Fourier 分析由于基底频率为常数这一特性,导致其不能为信号提供时频局部化表示,从而无法揭示非线性、非平稳信号随时间变化的本质。为了更好地处理非线性、非平稳信号,以及提高对此类信号处理方法的适应性,就需要对经典 Fourier 分析方法进行改进设计。本书基于目前在此领域的研究成果,通过分析研究,提出一种适用于非线性、非平稳信号的快速分解算法,将信号用具有物理意义的、非常值的瞬时频率的信号表示。

(2) 林下参种植光环境模式识别与预测方法研究。由于人参的生长对光照条件要求严格,太阳辐射因子和光合作用因子对林下参的生长发育起着极为重要的作用,同时地理环境因素的差异对林下参的光环境又有着不同的影响,可见,要想根据已掌握的、有限的林下参试验数据对其不同的种植光环境作出稳健而有效的预测,就必须借助有效可靠的模型预测方法。本书针对林下参的种植光环境特点,采用基于机器学习的模式识别与预测方法,提高林下参种植光环境预测模型的稳健性和泛化能力。

(3)建立树木生长模型及林下参净光合速率预测模型。根据林下参栽培对树种选择的要求,林种选定红松人工林。作为林下参的第一遮阴屏障——树木生长模型对林下参生长光环境的预测与评价具有重要意义。为满足林下光环境预测的需要,本书以红松冠幅、冠长和树高作为其生长指标,分别构建其生长模型。同时,选取林下光环境因子中对林下参生理特性有重要影响的若干指标作为研究变量,试图深入分析、建立林下参光生理特性的多因素模型,进而对其进行模式识别研究,构建林下参净光合速率的自适应预测模型。

(4)设计林下参种植光环境数据采集系统和光环境预测与评价系统。针对林下参的实际培育特点,设计一套林下参种植光照情况实时监测和采集系统,一方面可以显著降低传统方法的成本,另一方面能实现对林下参光照条件等环境参数的实时监测,同时系统软件集成了自适应数据处理算法,具有良好的降噪功能,为林下参种植光环境的预测与评价提供试验数据基础。

在此基础上,构建林下参光环境预测与评价系统,该系统集成了林下参光环境模型预测算法,同时根据测定得到的林下参种植所处的地理、气候和植被等各方数据,对林下参种植光环境的地域栽培适宜性作出综合评价。

第 2 章　面向自适应数据处理的非线性 Fourier 分析方法

2.1　引　　言

在研究林下参生长光环境时,需要对林下种植光环境因子进行准确测定,如直射辐射 PFDdir、散射辐射 PFDdif、光合有效辐射 PAR 以及净光合速率 Pn 等,这些物理量需要借助光合测定仪器才能进行测量,但是由于被测物理量均为室外检测,受自然环境因素的影响较大。例如,在通过 LI-6400 综合光合仪进行测量时,光合作用或蒸腾作用的物理量经常会出现较大波动,从数据采集显示端的数据曲线显示,测量数据中存在明显的干扰噪声,这些噪声信号如果得不到及时有效的处理,势必对林下参生理特性参数与光环境因子之间的相关性分析造成不良影响。考虑到目前很多数据算法如快速 Fourier 变换、加窗 Fourier 变换、小波分析等算法,针对非线性、非平稳信号的处理都存在一定的缺陷,因此本书针对此种情况,通过深入分析和推导,提出了一种面向自适应数据处理的非线性 Fourier 分析方法。

在应用中,很多数据分析问题都需要处理大规模的高维数据。为了建立有效的高维数据处理方法,本章研究基于非线性 Fourier 基底的 d 维平方可积函数的稀疏逼近问题。这里所利用的非线性 Fourier 基底是文献[23]中所提出的一维非线性 Fourier 基底的张量积。利用解析信号的概念[26-28],非线性 Fourier 基底具有非线性的瞬时相位和非负的瞬时频率。因此,一维信号的非线性 Fourier 展开不仅具有数学意义,而且具有物理意义。基于这种优势,本书将非线性 Fourier 基底推广到高维情况,并研究高维信号的非线性 Fourier 展开。

建立高维非线性 Fourier 展开的主要困难在于计算非线性 Fourier 展开系数时会产生巨大的计算量。为了克服这一困难,建立非线性 Fourier 展开快速算法时需采用如下技巧。

在经典的 Fourier 展开中,稀疏逼近方法已经被广泛提出[29-31]。稀疏逼近的主要思想是在 Fourier 展开中去除不必要的高频成分,保留低频成分和必要的高频成分,而这些被保留下的成分足以表示原始信号中的主要信息。基于这一想法,首先将在稀疏网格下建立函数的非线性 Fourier 展开。为了计算非线性 Fourier 展开,不得不计算高维振荡积分。对于经典的稀疏 Fourier 展开的计算问题,出现了很多相关研究成果[32-36]。然后基于这些已有的快速算法计算非线性 Fourier 系数,给出非线性 Fourier 系数与 Fourier 系数之间的关系,将这一重要的关系与文献中提出的计算稀疏 Fourier 展开中系数的快速算法相结合,提出一个用于计算 d 维函数的稀疏非线性 Fourier 展开的快速算法。最后尝试将所得到的理论结果应用于非线性、非平稳数据的处理应用中。

2.2　理 论 基 础

下面给出本章讨论中所需要的一些概念、记号和相关结果。在本章中,$\mathbb{R}$ 表示全体实数,$\mathbb{C}$ 表示全体复数,记 $\mathbb{N}:=\{1,2,\cdots\}$,$\mathbb{Z}:=\{\cdots,-1,0,1,\cdots\}$,且 $\mathbb{Z}_+:=\{0,1,2,\cdots\}$。对于任意的 $n\in\mathbb{N}$,令 $\mathbb{Z}_n:=\{0,1,\cdots,n-1\}$。在复平面上,采用记号 $U:=\{z\in\mathbb{C}:|z|<1\}$。

对 $1\leqslant p<\infty$,令 $L^p(\mathbb{R})$ 表示在实数域 $\mathbb{R}$ 上复可测[37,38]且满足

$$\|f\|_{L^p(\mathbb{R})}:=\left(\int_{\mathbb{R}}|f(t)|^p\mathrm{d}t\right)^{1/p}<\infty$$

的全体函数。

同样,对 $1\leqslant p<\infty$,令 $L^p[0,2\pi]$ 表示在实数域 $\mathbb{R}$ 上复可测,以 2π 为周期且满足

$$\|f\|_{L^p[0,2\pi]}:=\left(\int_0^{2\pi}|f(t)|^p\mathrm{d}t\right)^{1/p}<\infty$$

的全体函数。

定义 2.1 设 $f\in L^1(\mathbb{R})$,定义其 Fourier 变换为

$$\hat{f}(\xi)=(\mathfrak{J}f)(\xi):=\int_{\mathbb{R}}f(t)\mathrm{e}^{-i2\pi t\xi}\mathrm{d}t,\quad \xi\in\mathbb{R}$$

定义 2.2 设 $f\in L^1[0,2\pi]$,如果三角级数

$$\sum_{n\in\mathbb{N}}c_n(f)\mathrm{e}^{int},\quad t\in\mathbb{R}$$

的系数由公式

$$c_n(f)=\frac{1}{2\pi}\int_0^{2\pi}f(t)\mathrm{e}^{-int}\mathrm{d}t$$

给定,则称该三角级数为 f 的 Fourier 级数,其系数 $c_n(f)$ 称为 f 的 Fourier 系数。

对任意的 $f \in L^2[0,2\pi]$,并且分别具有 Fourier 系数 $c_n(f)$, $n \in \mathbb{Z}$,有以下 Parseval 等式成立:

$$\frac{1}{2\pi}\int_0^{2\pi} |f(t)|^2 \mathrm{d}t = \sum_{n\in\mathbb{Z}} |c_n(f)|^2$$

$$\frac{1}{2\pi}\int_0^{2\pi} f(t)\,\overline{g(t)}\mathrm{d}t = \sum_{n\in\mathbb{Z}} c_n(f)\,\overline{c_n(g)}$$

其中, $\bar{g}$ 表示 g 的复共轭函数。

2.3　非线性 Fourier 展开

本节引入 d 维平方可积函数空间的非线性 Fourier 基底,并且研究非线性 Fourier 展开的收敛性质。

为此,首先回顾一维非线性 Fourier 基底。对于任意的 $a \in U := \{z \in \mathbb{C}: |z| < 1\}$,引入非线性 Fourier 系数 $e_l^a (l \in \mathbb{Z})$ 如下:

$$e_l^a := \begin{cases} \dfrac{1}{\sqrt{2\pi}}\rho_{l-1}^a\,\mathrm{e}^{\mathrm{i}\theta_{l-1}^a}, & l \in \mathbb{N} \\[2mm] \dfrac{1}{\sqrt{2\pi}}, & l = 0 \\[2mm] \dfrac{1}{\sqrt{2\pi}}\rho_{-l-1}^a\,\mathrm{e}^{-\mathrm{i}\theta_{-l-1}^a}, & l \in \mathbb{Z}\setminus\mathbb{Z}_+ \end{cases}$$

其中,对于任意 $l \in \mathbb{Z}_+$, ρ_l^a 和 θ_l^a 均为 $I := [0,2\pi]$ 上的实函数,并且:

$$\rho_l^a(t)\mathrm{e}^{\mathrm{i}\theta_l^a(t)} := \sqrt{1-|a|^2}\,\frac{\mathrm{e}^{\mathrm{i}t}}{1-\bar{a}\mathrm{e}^{\mathrm{i}t}}\left(\frac{\mathrm{e}^{\mathrm{i}t}-a}{1-\bar{a}\mathrm{e}^{\mathrm{i}t}}\right)^l, \quad t \in I$$

对于 $d \in \mathbb{N}$,用 $L^2(I^d)$ 表示 I^d 上的平方可积函数空间,并且赋以通常的内积 $\langle \cdot, \cdot \rangle$ 和范数 $\|\cdot\| = \langle \cdot, \cdot \rangle^{1/2}$。对于任意的 $a \in U$,函数族 $e_l^a (l \in \mathbb{Z})$ 形成了 $L^2(I)$ 的一个标准正交基,可利用基函数的张量积,构造 $L^2(I^d)$ 的一族标准正交基[39-41]。具体来说,对于任意的 $a := [a_k : k \in \mathbb{Z}_d] \in U^d$, $L^2(I^d)$ 空间的非线性 Fourier 基 $e_l^a (l := [l_k, k \in \mathbb{Z}_d] \in \mathbb{Z}^d)$ 可表示为

$$e_l^a(t) := \prod_{k\in\mathbb{Z}_d} e_{l_k}^{a_k}(t_k), \quad t = [t_k : k \in \mathbb{Z}_d] \in I^d$$

很明显,当 $a = 0$ 时,基函数 $e_l^a (l \in \mathbb{Z}^d)$ 即经典的 Fourier 基函数:

$$e_l(t) := \frac{1}{(2\pi)^{d/2}} e^{il^T t}, \quad t \in I^d, l \in \mathbb{Z}^d$$

相应于非线性 Fourier 基函数 $e_l^a (l \in \mathbb{Z}^d)$，下面给出任意函数 $f \in L^2(I^d)$ 的非线性 Fourier 展开。首先引入指标集：

$$F_n^d := \{l \in \mathbb{Z}^d : |l_k| + 1 \leqslant n, k \in \mathbb{Z}_d\}$$

于是 f 的非线性 Fourier 展开定义为

$$S_n^a := \sum_{l \in F_n^d} \langle f, e_l^a \rangle e_l^a \tag{2.1}$$

实际上，S_n^a 是 f 到子空间 $\chi_n := \mathrm{span}\{e_l^a : l \in F_n^d\}$ 上的正交投影。为了得到非线性 Fourier 展开对 d 维函数的逼近精度，引入适当的 Sobolev 空间 $H_a^s(I^d)$。对于任意的 $a := [a_k : k \in \mathbb{Z}_d] \in U^d$ 和 $s \geqslant 0$，令 $H_a^s(I^d)$ 表示所有满足如下条件的函数 $f \in L^2(I^d)$ 所构成的空间：

$$\sum_{l \in \mathbb{Z}^d} |\langle f, e_l^a \rangle|^2 \prod_{k \in \mathbb{Z}_d} (1 + l_k^2)^s < \infty$$

可以证得 $H_a^s(I^d)$ 是一个 Hilbert 空间，具有如下内积：

$$\langle f, g \rangle_{H_a^s(I^d)} := \sum_{l \in \mathbb{Z}^d} \langle f, e_l^a \rangle \overline{\langle g, e_l^a \rangle} \prod_{k \in \mathbb{Z}_d} (1 + l_k^2)^s$$

对于任意的 $a \in U^d$，有如下等式成立：

$$H_a^s(I^d) = H_{a_0}^s(I) \otimes H_{a_1}^s(I) \otimes \cdots \otimes H_{a_{d-1}}^s(I) \tag{2.2}$$

其中，$L^2(\mathbb{R})$ 的子空间为 $H_a^s(I), a \in U$。特别地，对于 $a = 0$，空间

$$H_0^s(I) = W^{s,2}(I) \otimes \cdots \otimes W^{s,2}(I)$$

是标准 Sobolev 空间 $W^{s,2}(I^d)$ 的真子空间。在下面的定理中，将给出非线性 Fourier 展开的收敛阶。

定理 2.1　令 $a \in U^d$ 并且 $s \geqslant 0$，则存在正常数 c 满足对所有 $f \in H_a^s(I^d)$ 及 $n \in \mathbb{N}$ 成立：

$$\|f - S_n^a\| \leqslant c n^{-s} \|f\|_{H_a^s(I^d)}$$

证明　由非线性 Fourier 展开的定义可得

$$\|f - S_n^a\| = \left\| \sum_{l \in \mathbb{Z}^d \setminus F_n^d} \langle f, e_l^a \rangle e_l^a \right\|^2 = \sum_{l \in \mathbb{Z}^d \setminus F_n^d} |\langle f, e_l^a \rangle|^2$$

由于 $f \in H_a^s(I^d)$，利用指标集 F_n^d 的定义可得

$$\|f - S_n^a\|^2 = \sum_{l \in \mathbb{Z}^d \setminus F_n^d} |\langle f, e_l^a \rangle|^2 \prod_{k \in \mathbb{Z}_d} (1 + l_k^2)^s \frac{1}{\prod_{k \in \mathbb{Z}_d} (1 + l_k^2)^s} \leqslant n^{-2s} \|f\|_{H_a^s(I^d)}^2$$

由此可得定理成立。

众所周知,对于 $f \in L^p(I^d)$, $1 < p < \infty$, Fourier 展开

$$S_n = \sum_{l \in F_n^d} \langle f, e_l \rangle e_l$$

在 I^d 上几乎处处收敛于 f。实际上,对于高维 Fourier 级数,已经证明了更一般的多边形部分和的几乎处处收敛性。下面将讨论非线性 Fourier 展开式(2.1)的几乎处处收敛性。为此,首先给出一个有用的结果,该结果将非线性 Fourier 系数 $c_l^a = \langle f, e_l^a \rangle (l \in \mathbb{Z}^d)$,与经典的 Fourier 系数的 $c_l = \langle f, e_l \rangle (l \in \mathbb{Z}^d)$ 联系起来。对于任意 $a \in U$,令 σ_a 是从 I 到其自身的映射,定义如下:

$$e^{i\sigma_a(t)} := \frac{e^{it} - a}{1 - \bar{a} e^{it}}, \quad t \in I$$

令

$$\sigma_{a,-1}(t) := \sigma_a(t), \quad \sigma_{a,0}(t) := t, \quad \sigma_{a,1}(t) := \sigma_a(t), \quad t \in I$$

引入三个函数 $g_{a,v}(v \in \{-1,0,1\})$ 如下:

$$g_{a,-1}(t) := \sqrt{1 - |a|^2} \, \frac{1}{e^{-it} + \bar{a}}, \quad g_{a,0}(t) := 1,$$

$$g_{a,1}(t) := \sqrt{1 - |a|^2} \, \frac{1}{e^{it} + \bar{a}}, \quad t \in I$$

对于任意 $a = [a_k : k \in \mathbb{Z}_d] \in U^d$ 和 $v = [v_k : k \in \mathbb{Z}_d] \in \{-1,0,1\}^d$,定义

$$\sigma_{a,v}(t) := [\sigma_{a_k,v_k}(t_k) : k \in \mathbb{Z}_d], \quad t \in I^d$$

$$\sigma_{a,v}^{-1}(t) := [\sigma_{a_k,v_k}^{-1}(t_k) : k \in \mathbb{Z}_d], \quad t \in I^d$$

以及

$$g_{a,v}(t) := \prod_{k \in \mathbb{Z}_d} g_{a_k,v_k}(t_k), \quad t \in I^d$$

对于 $f \in L^l(I^d)$,定义

$$A_{a,v}(f) := (f \circ \sigma_{a,v}^{-1}) g_{a,v} \tag{2.3}$$

令 sgn 表示当 $x < 0$、$x = 0$ 和 $x > 0$ 时分别取值为 -1、0 和 1 的函数。对于任意 $l \in \mathbb{Z}^d$,定义 sgn$l$ 为如下向量:sgn$l := [\text{sgn} l_k : k \in \mathbb{Z}_d]$。

定理 2.2 令 $a \in U^d$,如果 $f \in L^l(I^d)$,则 f 的非线性 Fourier 系数可表示为

$$c_l^a(f) = c_{l-\text{sgn}l}(A_{a,\text{sgn}l}(f)), \quad l \in \mathbb{Z}^d \tag{2.4}$$

其中,$A_{a,\text{sgn}l}(f)$ 如式(2.3)中定义($v = \text{sgn}l$)。

证明 由非线性 Fourier 系数的定义可得 $l = \mathbb{Z}^d$ 时有

$$c_l^a(f) = \langle f, e_l^a \rangle = \int_{I_d} f(t) \prod_{k \in \mathbb{Z}_d} \overline{e_{l_k}^{a_k}(t_k)} dt$$

通过变量替换 $s=\sigma_{a,\mathrm{sgn}l}(t)$，可得对于 $l\in\mathbb{Z}^d$ 有

$$c_l^a(f)=\frac{1}{(2\pi)^{d/2}}\int_{I^d}f(\sigma_{a,\mathrm{sgn}l}^{-1}(s))\prod_{k\in\mathbb{Z}_d}g_{a_k,\mathrm{sgn}l_k}(s_k)\mathrm{e}^{-\mathrm{i}(l_k-\mathrm{sgn}l_k)s_k}\,\mathrm{d}s$$

$$=\frac{1}{(2\pi)^{d/2}}\int_{I^d}A_{a,\mathrm{sgn}l}(f)(s)\mathrm{e}^{-\mathrm{i}(l-\mathrm{sgn}l)^T s}\,\mathrm{d}s$$

$$=c_{l-\mathrm{sgn}l}(A_{a,\mathrm{sgn}l}(f))$$

在下面的定理中，将给出非线性 Fourier 展开的几乎处处收敛性。令 Λ 表示元素取自于 0 或 1 的 d 维向量的集合，即 $\Lambda:=\{\mu\in\mathbb{Z}^d:\mu_k\in\{0,1\},k\in\mathbb{Z}_d\}$，对于任意 $\mu=\{\mu_k:k\in\mathbb{Z}_d\}\in\Lambda$，记 $|\mu|:=\sum_{k\in\mathbb{Z}_d}|\mu_k|$。对于任意的 $n\in\mathbb{N}$ 和 $\mu\in\Lambda$，令

$$\Gamma_{n,0}:=\{l\in\mathbb{Z}:|l|=n-1\},\quad \Gamma_{n,1}:=\{l\in\mathbb{Z}:|l|\leqslant n-1\}$$

并定义指标集 $\Gamma_{n,\mu}^d:=\prod_{k\in\mathbb{Z}_d}\Gamma_{n,\mu_k}$，这里对于 $l,m\in\mathbb{Z}^d$，令 $lm:=[l_km_k:k\in\mathbb{Z}_d]$。

定理 2.3　令 $a\in U^d$，如果 $f\in L^p(I^d)$，$1<p<\infty$，则非线性 Fourier 展开 S_n^a 在 I^d 上几乎处处收敛于 f。

证明　将式（2.4）代入式（2.1）中，并利用变量代换 $t=\sigma_a^{-1}(s):=[\sigma_{a_k}^{-1}(s_k):k\in\mathbb{Z}_d]$，可得

$$S_n^a(\sigma_a^{-1}(s))=\sum_{l\in F_n^d}c_{l-\mathrm{sgn}l}(A_{a,\mathrm{sgn}l}(f))e_l^a(\sigma_a^{-1}(s))$$

$$=\sum_{l\in F_n^d}c_{l-\mathrm{sgn}l}(A_{a,\mathrm{sgn}l}(f))\frac{e_{l-\mathrm{sgn}l}(s)}{g_{a,\mathrm{sgn}l}(s)}$$

令 ι 表示元素均为 1 的 d 维向量。对于任意 $k\in\mathbb{Z}_d$，令 $a_{k,-1}:=\overline{a_k}$、$a_{k,0}:=0$ 及 $a_{k,1}:=a_k$，从函数 $g_{a,\mathrm{sgn}l}$ 的定义可得

$$S_n^a(\sigma_a^{-1}(s))=\sum_{l\in F_n^d}\sum_{\mu\in\Lambda}\rho_{\mu,l}c_{l-\mathrm{sgn}l}(g_{a,\mathrm{sgn}l}(f))e_{l-\mathrm{sgn}[(\iota-\mu)l]}(s)$$

其中

$$\rho_{\mu,l}:=\prod_{k\in\mathbb{Z}_d}\frac{a_{k,\mathrm{sgn}[(1-\mu_k)l_k]}+\mu_k}{\sqrt{1-|a_{k,\mathrm{sgn}l_k}|^2}}$$

由变量代换 $s=\sigma_a(t)$，可得

$$\int_{I^d}|f\circ\sigma_a^{-1}(s)|^p\,\mathrm{d}s=\int_{I^d}|f(t)|^p\prod_{k\in\mathbb{Z}_d}\frac{1-|a_k|^2}{|\mathrm{e}^{\mathrm{i}t_k}-a_k|^2}\,\mathrm{d}t$$

$$\leqslant\left(\prod_{k\in\mathbb{Z}_d}\frac{1+|a_k|}{1-|a_k|}\right)\int_{I^d}|f(t)|^p\,\mathrm{d}t$$

结合 $f \in L^p(I^d)$，可知 $f \circ \sigma_a^{-1} \in L^p(I^d)$。因此，$f \circ \sigma_a^{-1}$ 的 Fourier 展开

$$S_n(s) = \sum_{l \in F_n^d} c_l(f \circ \sigma_a^{-1}) e_l(s), \quad s \in I^d \tag{2.5}$$

在 I^d 上几乎处处收敛于 $f \circ \sigma_a^{-1}$。注意，对于任意的 $a \in U$，σ_a 在 I 上是严格递增的，因此只需说明 $S_n(s) - S_n^a(\sigma_a^{-1}(s))$ 在 I^d 上几乎处处收敛于 0。为了表示 $S_n(s)$ 和 $S_n^a(\sigma_a^{-1}(s))$ 的差，注意到对于任意的 $l \in F_n^d$，$l_k \neq 0$，$k \in \mathbb{Z}_d$，有

$$f \circ \sigma_a^{-1} = \frac{A_{a,\operatorname{sgn}l}(f)}{g_{a,\operatorname{sgn}l}} \tag{2.6}$$

将式(2.6)代入式(2.5)中，由直接计算可得

$$S_n(s) - S_n^a(\sigma_a^{-1}(s)) = \sum_{\mu \in \Lambda \setminus \{\iota\}} \sum_{l \in F_n^d} \lambda_{\mu,l} c_l((f \circ \sigma_a^{-1}) g_{a,\operatorname{sgn}[(\iota-\mu)l]}) e_l(s)$$

其中

$$\lambda_{\mu,l} = (-1)^{|\mu|} \prod_{k \in \mathbb{Z}_d} \frac{a_{k,\operatorname{sgn}[(1-\mu_k)l_k]} + \mu_k}{\sqrt{1 - |a_{k,\operatorname{sgn}[(1-\mu_k)l_k]}|^2}}$$

对于任意 $\mu \in \Lambda \setminus \{\iota\}$ 和 $l \in \Gamma_{n,\mu}^d$，有 $(f \circ \sigma_a^{-1}) g_{a,\operatorname{sgn}[(\iota-\mu)l]} \in L^p(I^d)$。因此，由高维 Fourier 级数的更一般的多边形部分和的几乎处处收敛性，可以得到对于任意 $\mu \in \Lambda \setminus \{\iota\}$，$\sum_{l \in \Gamma_{n,\mu}^d} \lambda_{\mu,l} c_l((f \circ \sigma_a^{-1}) g_{a,\operatorname{sgn}[(\iota-\mu)l]}) e_l(s)$ 在 I^d 上几乎处处收敛于 0，由此得到定理结果。

2.4　快速稀疏非线性 Fourier 展开

本节引入 d 维函数的稀疏非线性 Fourier 展开，并且提出一个快速离散算法，用于计算稀疏非线性 Fourier 展开中的系数。

在计算非线性 Fourier 展开中，为了降低计算量，将考虑利用非线性 Fourier 基对 d 维函数进行稀疏逼近。与全网格的指标集 F_n^d 不同，在此引入稀疏指标集：

$$L_n^d := \left\{ l \in \mathbb{Z}^d : \prod_{k \in \mathbb{Z}_d} (|l_k| + 1) \leqslant n \right\}$$

针对稀疏指标集，定义稀疏非线性 Fourier 展开：

$$\widetilde{S}_n^a = \sum_{l \in L_n^d} \langle f, e_l^a \rangle e_l^a \tag{2.7}$$

指标集 L_n^d 的基数是 $O(n \log_2^{d-1} n)^{[27\text{-}31]}$，这说明 L_n^d 确实是稀疏的。在下面的定理中将指出稀疏非线性 Fourier 展开具有最优收敛阶。

定理 2.4　令 $a\in U^d$, $s\geqslant 0$, 则存在正常数 c 满足对于所有 $f\in H_a^s(I^d)$ 及 $n\in\mathbb{N}$, 有

$$\|f-\widetilde{S}_n^a\|\leqslant cn^{-s}\|f\|_{H_a^s(I^d)}$$

证明　由稀疏指标集 L_n^d 的定义可得

$$\|f-\widetilde{S}_n^a\|^2=\sum_{l\in\mathbb{Z}^d\backslash L_n^d}|\langle f,e_l^a\rangle|^2$$

$$=\sum_{l\in\mathbb{Z}^d\backslash L_n^d}|\langle f,e_l^a\rangle|^2\prod_{k\in\mathbb{Z}_d}(1+|l_k|)^{2s}\frac{1}{\prod_{k\in\mathbb{Z}_d}(1+|l_k|)^{2s}}$$

$$\leqslant n^{-2s}\sum_{l\in\mathbb{Z}^d\backslash L_n^d}|\langle f,e_l^a\rangle|^2\prod_{k\in\mathbb{Z}_d}(1+|l_k|)^{2s}$$

由于存在正常数 c 满足对所有 $l=[l_k:k\in\mathbb{Z}_d]\in\mathbb{Z}^d$

$$\prod_{k\in\mathbb{Z}_d}(1+|l_k|)^{2s}\leqslant c\prod_{k\in\mathbb{Z}_d}(1+l_k^2)$$

可得

$$\|f-\widetilde{S}_n^a\|^2\leqslant c^sn^{-2s}\sum_{l\in\mathbb{Z}^d\backslash L_n^d}|\langle f,e_l^a\rangle|^2\prod_{k\in\mathbb{Z}_d}(1+l_k^2)^s$$

$$\leqslant cn^{-2s}\|f\|_{H_a^s(I^d)}^2$$

即定理 2.4 成立。

对于稀疏非线性 Fourier 展开, 主要的困难是快速、有效地计算非线性 Fourier 系数 $c_l^a=\langle f,e_l^a\rangle$, $l\in L_n^d$。接下来将提出一个数值积分策略用于计算积分

$$\langle f,e_l^a\rangle=\int_{I^d}f(t)\overline{e_l^a(t)}\mathrm{d}t$$

定理 2.2 表明, 计算 f 的非线性 Fourier 系数可以通过计算 $A_{a,v}(f)$ 的 Fourier 系数得到。因此, 对于稀疏非线性 Fourier 展开式 (2.7), 需要计算高维振荡积分 $\langle A_{a,\text{sgn}l}(f),e_{l-\text{sgn}l}\rangle$, $l\in L_n^d$。有学者提出了一种数值积分策略, 用于计算高维函数的 Fourier 系数。结合该数值积分策略和定理 2.2, 可以得到式 (2.7) 中非线性 Fourier 系数的快速算法。

为此, 首先回顾 I^d 上的多尺度分片 Lagrange 插值公式。考虑压缩映射

$$\phi_\rho(x)=\frac{x+2\pi\rho}{2},\quad x\in\mathbb{R},\rho\in\mathbb{Z}_2$$

令 $\Phi:=\{\phi_\rho(x):\rho\in\mathbb{Z}_2\}$, 则 I 是一个相对于映射 Φ 的不变集, 即 $I=\Phi(I)$。假设 $m\in\mathbb{N}$ 并且 $V:=\{v_r:0<v_0<v_1<\cdots<v_{m-1}<2\pi,r\in\mathbb{Z}_m\}$ 是相对于映射 Φ 可

加细的,即 $V\subseteq\Phi(V)$。对于任意的 $N\in\mathbb{N}$,$p_N:=[\rho_\gamma:\gamma\in\mathbb{Z}_N]\in\mathbb{Z}_2^N$,令 $\phi_{p_N}:=$ $\phi_{p_{N-1}}\circ\cdots\circ\phi_{p_0}$ 以及 $\mu(p_N):=\sum\limits_{\gamma\in\mathbb{Z}_N}\rho_\gamma 2^\gamma$。定义 I 的一族严格嵌套的子集 $\{V_N,$ $N\in\mathbb{Z}_+\}$ 如下:对于任意的 $N\in\mathbb{N}$,$V_0:=V$,$V_N=\{v_{N,r}:r\in\mathbb{Z}_{2^N m}\}$,其中 $v_{N,r}:=$ $\phi_{p_N}(v_{r'})$,$p_N\in\mathbb{Z}_2^N$,$r'\in\mathbb{Z}_m$,$r=m\mu(p_N)+r'$,此外,定义指标集序列 $W_0=\mathbb{Z}_m$,对于任意的 $N\in\mathbb{N}$,有

$$W_N:=\{r\in\mathbb{Z}_{2^N m}:v_{N,r}\in V_N\backslash V_{N-1}\}$$

根据严格嵌套的子集 $\{V_N,N\in\mathbb{Z}_+\}$,$m-1$ 阶 Lagrange 多项式 $\ell_{N,r}$ 对于任意的 $N\in\mathbb{N}$、$r\in\mathbb{Z}_{2^N m}$ 有

$$\ell_{0,r}(x):=\prod_{q=0,q\neq r}^{m-1}\frac{x-v_q}{v_r-v_q},\quad x\in I,r\in\mathbb{Z}_m$$

$$\ell_{N,r}(x):=\begin{cases}\prod\limits_{q=m\mu(p_N),q\neq r}^{m\mu(p_N)+m-1}\dfrac{x-v_{N,q}}{v_{N,r}-v_{N,q}},&x\in\phi_{p_N}(I)\\[4mm]0,&x\notin\phi_{p_N}(I)\end{cases}$$

其中,$p_N\in\mathbb{Z}_2^N$,$r'\in\mathbb{Z}_m$,并且 $m\mu(p_N)+r'$。对于 $d\in\mathbb{N}$,令 $C(I^d)$ 表示 I^d 上连续的函数空间。首先给出 $f\in C(I)$ 的多尺度分片 Lagrange 差值公式。为此需要引入线性泛函 $\eta_{j,r}:C(I)\to\mathbb{R}$ $(j\in\mathbb{Z}_+,r\in\mathbb{Z}_{2^j m})$ 如下:

$$\eta_{0,r}(f):=f(v_{0,r})$$

对于 $j\in\mathbb{N}$,任意的 $q\in\mathbb{Z}_m$,$\kappa\in\mathbb{Z}_{2m}$,$a_{q,\kappa}:=\ell_{0,r}(v_{1,\kappa})$,有

$$\eta_{j,r}(f):=f(v_{j,r})-\sum_{q\in\mathbb{Z}_m}f\left(v_{j-1,m\left[\frac{r}{2m}\right]+q}\right)a_{q,r\bmod(2m)}$$

对于 $x\in\mathbb{R}$,令 $[x]$ 表示不大于 x 的最大整数,从而可得 $f\in C(I)$ 的多尺度分片 Lagrange 差值公式为

$$P_N(f)=\sum_{j\in\mathbb{Z}_{N+1}}\sum_{r\in W_j}\eta_{j,r}(f)\ell_{j,r},\quad N\in\mathbb{Z}_+$$

为了给出 $f\in C(I^d)$ 的多尺度分片 Lagrange 差值公式,定义指标集 W_j^d $(j:=[j_k:k\in\mathbb{Z}_d]\in\mathbb{Z}_+^d)$ 如下:

$$W_j^d:=W_{j_0}\otimes\cdots\otimes W_{j_{d-1}}$$

对于 $j:=[j_k:k\in\mathbb{Z}_d]\in\mathbb{Z}_+^d$,$r:=[r_k:k\in\mathbb{Z}_d]\in W_j^d$,定义:

$$\eta_{j,r}:=\eta_{j_0,r_0}\otimes\cdots\otimes\eta_{j_{d-1},r_{d-1}},\quad \ell_{j,r}:=\ell_{j_0,r_0}\otimes\cdots\otimes\ell_{j_{d-1},r_{d-1}}$$

于是 $f\in C(I^d)$ 在稀疏网格上的多尺度分片 Lagrange 插值公式为

$$S_N^d(f)=\sum_{j\in S_N^d}\sum_{r\in W_j^d}\eta_{j,r}(f)\ell_{j,r},\quad N\in\mathbb{Z}_+$$

其中,对于 $N \in \mathbb{Z}_+$,有

$$S_N^d := \{j := [j_k : k \in \mathbb{Z}_d] \in \mathbb{Z}_{N+1}^d : \sum_{k \in \mathbb{Z}_d} \max\{j_k, 1\} \leqslant N+1\}$$

利用稀疏网格上的多尺度分片 Lagrange 插值 $S_N^d(f)$ 逼近 f,可得计算 Fourier 系数 $\langle f, e_l \rangle$ 的数值积分公式,即

$$Q_N(f, l) = \sum_{j \in S_N^d} \sum_{r \in W_j^d} \eta_{j,r}(f) \int_{I^d} \ell_{j,r}(x) \overline{e_l(x)} \mathrm{d}x \qquad (2.8)$$

将式(2.8)写成离散 Fourier 变换的形式,从而可以利用快速 Fourier 变换得到式(2.8)的快速算法。为此,令 $X_0 := W_0, X_j := W_1$,对于 $j \in \mathbb{Z}_+, q \in X_j$ 和 $l \in \mathbb{Z}$,引入:

$$t_{j,q}(l) := \begin{cases} \dfrac{1}{\sqrt{2\pi}} \displaystyle\int_I \ell_{0,q}(x) \mathrm{e}^{-\mathrm{i}lx} \mathrm{d}x, & j=0 \\[3mm] \dfrac{1}{\sqrt{2\pi}} \dfrac{1}{2^{j-1}} \displaystyle\int_I \ell_{1,q}(x) \mathrm{e}^{-\mathrm{i}lx/2^{j-1}} \mathrm{d}x, & j \in \mathbb{N} \end{cases}$$

对于所有 $j := [j_k : k \in \mathbb{Z}_d] \in S_N^d, q := [q_k : k \in \mathbb{Z}_d] \in X_j^d$ 和 $l := [l_k : k \in \mathbb{Z}_d] \in \mathbb{Z}^d$,定义:

$$t_{j,q}(l) := \prod_{k \in \mathbb{Z}_d} t_{j_k, q_k}(l_k) \qquad (2.9)$$

对于所有 $j := [j_k : k \in \mathbb{Z}_d], j_k \geqslant -1$,令 $2^j := [2^{j_k} : k \in \mathbb{Z}_d]$, $\mathbb{Z}_{2^j}^d = \mathbb{Z}_{2^{j_0}} \otimes \cdots \otimes \mathbb{Z}_{2^{j_{d-1}}}$,其中 $\mathbb{Z}_{2^{-1}} := \{0\}$。对于 $j \in S_N^d, q \in X_j^d$ 和 $l \in \mathbb{Z}^d$,定义:

$$(\hat{f}_{j,q})_l := \sum_{u \in \mathbb{Z}_{2^{j-1}}^d} \eta_{j, 2mu+q}(f) \mathrm{e}^{-\mathrm{i}2\pi l^T D_j u}$$

其中,$D_j := \mathrm{diag}[2^{1-j_k} : k \in \mathbb{Z}_d]$。因此,式(2.8)可表示如下:

$$Q_N(f, l) = \sum_{j \in S_N^d} \sum_{q \in X_j^d} (\hat{f}_{j,q})_l t_{j,q}(l) \qquad (2.10)$$

为了利用式(2.10)计算 $Q_N(f, l)$,需要计算 $(\hat{f}_{j,q})_l$ 和 $t_{j,q}(l)$, $j \in S_N^d, q \in X_j^d$。很明显,$(\hat{f}_{j,q})_l (l \in \mathbb{Z}_{2^{j-1}}^d)$ 是 $\eta_{j, 2mu+q}(f)(u \in \mathbb{Z}_{2^{j-1}}^d)$ 的离散 Fourier 变换,可以用快速 Fourier 变换计算。根据离散 Fourier 变换的周期性,对于 $l \in \mathbb{Z}^d \backslash \mathbb{Z}_{2^{j-1}}^d$,可得 $(\hat{f}_{j,q})_l$ 如下:

$$(\hat{f}_{j,q})_l = (\hat{f}_{j,q})_{L_j(l)}$$

其中,$L_j(l) := [L_{j_k}(l_k) : k \in \mathbb{Z}_d]$,对于 $l \in \mathbb{Z}, L_0(l) := l, j \in \mathbb{N}, l \in \mathbb{Z}$,有

$$L_j(l) := \begin{cases} l \bmod 2^{j-1}, & l \bmod 2^{j-1} \geqslant 0 \\ 2^{j-1} + l \bmod 2^{j-1}, & l \bmod 2^{j-1} < 0 \end{cases}$$

只需要计算 $t_{j,q}(l), j \in S_N^d, q \in X_j^d$。为此对于任意 $q \in \mathbb{Z}_m$ 和 $\theta \in \mathbb{Z}_{m-1}$,定义指标集

$$S_{q,\theta} = \{s \in \mathbb{Z}_m^{m-\theta-1} : s_k < s_{k+1} \text{ for } k \in \mathbb{Z}_{m-\theta-2}, s_k \neq q \text{ for } k \in \mathbb{Z}_{m-\theta-1}\}$$

给出计算 $t_{j,q}(l)(j \in \mathbb{N}_0, q \in X_j, l \in \mathbb{Z})$ 的离散公式:

$$t_{j,q}(l) = \frac{e^{-i2\pi l[q/m]/2^j}}{2^j} \sum_{\theta \in \mathbb{Z}_m} c_{q \bmod m, \theta} \widetilde{t}_\theta(l/2^j) \tag{2.11}$$

其中,对于 $\theta \in \mathbb{Z}_m, \omega \in \mathbb{R}$ 和 $q \in \mathbb{Z}_m$,有

$$c_{q,\theta} = \begin{cases} (-1)^{m-\theta-1} \Big[\prod\limits_{s \in \mathbb{Z}_m, s \neq q} (v_q - v_s) \Big]^{-1} \Big(\sum\limits_{s \in S_{q,\theta}} \prod\limits_{k \in \mathbb{Z}_{m-\theta-1}} v_{s_k} \Big), & \theta \in \mathbb{Z}_{m-1} \\ \Big[\prod\limits_{s \in \mathbb{Z}_m, s \neq q} (v_q - v_s) \Big]^{-1}, & \theta = m-1 \end{cases} \tag{2.12}$$

和

$$\widetilde{t}_\theta(\omega) = \begin{cases} \dfrac{2\pi}{\theta+1}, & \omega = 0 \\ -\sum\limits_{\iota \in \mathbb{Z}_{\theta+1}} \dfrac{\theta!(2\pi)^{\theta-\iota} e^{-i2\pi\omega}}{(\theta-\iota)!(i\omega)^{\iota+1}} + \dfrac{\theta!}{(i\omega)^{\theta+1}}, & \omega \neq 0 \end{cases} \tag{2.13}$$

下面描述计算 $Q_N(A_{a,\text{sgn}l}(f), l - \text{sgn}l)(l \in L_n^d)$ 的快速算法,从而得到离散稀疏非线性 Fourier 展开:

$$\widetilde{S}_{n,N}^a = \sum_{l \in L_n^d} Q_N(A_{a,\text{sgn}l}(f), l - \text{sgn}l) e_l^a \tag{2.14}$$

2.5　算法与算例

2.5.1　算法

令 $n \in \mathbb{N}, N = [\log_2 n]$,函数 $f \in C(I^d)$,选取 $v_r \in I, r \in \mathbb{Z}_m$。

(1) 令 $j \in S_N^d, q \in X_j^d, v \in \{-1, 0, 1\}^d$,计算:

$$A_{a,v}^R(f)_{j,q} := [\eta_{j,2mu+q}(A_{a,v}^R(f)) : u \in \mathbb{Z}_2^{d_{j-1}}]$$

$$A_{a,v}^I(f)_{j,q} := [\eta_{j,2mu+q}(A_{a,v}^I(f)) : u \in \mathbb{Z}_2^{d_{j-1}}]$$

(2) 分别对 $A_{a,v}^R(f)_{j,q}$ 和 $A_{a,v}^I(f)_{j,q}$ 应用快速 Fourier 变换,计算 $\widehat{A_{a,v}^R(f)}_{j,q}$ 和 $\widehat{A_{a,v}^I(f)}_{j,q}$。

（3）根据式（2.12）计算 $c_{q,\theta}$，$q,\theta\in\mathbb{Z}_m$。

（4）根据式（2.13）计算 $\widetilde{t}_\theta(l/2^j)$，其中 $\theta\in\mathbb{Z}_m,j\in\mathbb{Z}_{n+1},l\in F_{n-1}$。

（5）根据式（2.11）计算 $t_{j,q}(l)$，其中 $\theta\in\mathbb{Z}_m,j\in\mathbb{Z}_{n+1},l\in F_{n-1}$。

（6）对于任意的 $j\in S_N^d,q\in X_j^d$ 和 $l\in L_n^d$，根据式（2.9）计算 $t_{j,q}(l-\mathrm{sgn}l)$。

（7）对于任意的 $l\in L_n^d$，根据式（2.10）计算 $Q_N(A_{a,\mathrm{sgn}l}^R(f),l-\mathrm{sgn}l)$ 和 $Q_N(A_{a,\mathrm{sgn}l}^I(f),l-\mathrm{sgn}l)$。

（8）对于任意的 $l\in L_n^d$，计算：

$$Q_N(A_{a,\mathrm{sgn}l}(f),l-\mathrm{sgn}l)=Q_N(A_{a,\mathrm{sgn}l}^R(f),l-\mathrm{sgn}l)+\mathrm{i}Q_N(A_{a,\mathrm{sgn}l}^I(f),l-\mathrm{sgn}l)$$

在下面的定理中，将给出式（2.14）的收敛阶以及算法中的乘法数 M_n。为此，需引入如下函数空间，对于任意 $\alpha:=[\alpha_k:k\in\mathbb{Z}_d]\in\mathbb{Z}_+^d$，令 $|\alpha|_\infty:=\max\{\alpha_k:k\in\mathbb{Z}_d\}$ 及 $|\alpha|:=\sum_{k\in\mathbb{Z}_d}\alpha_k$。对于函数 $f\in C^m(I^d)$，记

$$f^{(\alpha)}(x):=\left(\frac{\partial^{|\alpha|}}{\partial x_0{}^{\alpha_0}\cdots\partial x_{d-1}{}^{\alpha_{d-1}}}f\right)(x),\quad x:=[x_k:k\in\mathbb{Z}_d]\in I^d$$

定义空间：

$$X^m(I^d):=\{f:I^d\to\mathbb{R}:f^{(\alpha)}\in C(I^d),\ |\alpha|_\infty\leqslant m\}$$

定理 2.5　令 $a\in U^d,s\geqslant 0$，选择 $N=[\log_2 n],m\geqslant s+\varepsilon$，则对于任意小的 $\varepsilon>0$，存在正常数 c 和正整数 n_0 满足对于所有 $f\in H_0^s(I^d)\bigcap X^m(I^d)$ 和 $n\in\mathbb{N}$、$n\geqslant n_0$，有

$$\|f-\widetilde{S}_{n,N}^a\|\leqslant cn^{-s}\Big(\|f\|_{H_a^s(I^d)}+\sum_{v\in\{-1,0,1\}^d}\|A_{a,v}(f)\|_{X^m(I^d)}\Big)\quad(2.15)$$

此外，存在正常数 c 满足对于所有 $n\in\mathbb{N}$，有

$$M_n\leqslant cn\log_2^{2d-1}n\qquad(2.16)$$

证明　由三角不等式可得

$$\|f-\widetilde{S}_{n,N}^a\|\leqslant\|f-\widetilde{S}_n^a\|+\|\widetilde{S}_n^a-\overline{S}_{n,N}^a\|\qquad(2.17)$$

对于任意的 $a\in U,s>0$，有 $H_0^s(I)\subseteq H_a^s(I)$，由式（2.2）可知 $H_0^s\subseteq H_a^s$，对于任意的 $a\in U$，定理 2.4 表明存在正常数 c 满足对于所有 $f\in H_a^s(I^d)$ 及任意的 $n\in\mathbb{N}$，有

$$\|f-\widetilde{S}_n^a\|\leqslant cn^{-s}\|f\|_{H_a^s(I^d)}\qquad(2.18)$$

另外，利用 $e_l^a(l\in L_n^d)$ 的正交性，可得

$$\|\widetilde{S}_n^a-\overline{S}_{n,N}^a\|^2=\Big\|\sum_{l\in L_n^d}(\langle A_{a,\mathrm{sgn}l}(f),e_{l-\mathrm{sgn}l}\rangle-Q_N(A_{a,\mathrm{sgn}l}(f),l-\mathrm{sgn}l))e_l^a\Big\|^2$$

$$= \sum_{l \in L_n^d} |\langle A_{a,\mathrm{sgn}l}(f), e_{l-\mathrm{sgn}l}\rangle - Q_N(A_{a,\mathrm{sgn}l}(f), l - \mathrm{sgn}l)|^2$$

$$\leqslant \sum_{v \in \{-1,0,1\}^d} \sum_{l \in L_n^d} |\langle A_{a,v}(f), l\rangle - Q_N(A_{a,v}(f), l)|^2$$

对于任意的 $f \in H_0^s(I^d) \bigcap X^m(I^d)$，容易验证对于任意的 $v \in \{-1,0,1\}^d$，$A_{a,v}(f) \in H_0^s(I^d) \bigcap X^m(I^d)$。于是可知，存在正常数 c 和正整数 n_0 满足对于所有的 $f \in H_0^s(I^d) \bigcap X^m(I^d)$ 和 $n \in \mathbb{N}$、$n \geqslant n_0$，有

$$\sum_{l \in L_n^d} |\langle A_{a,v}(f), l\rangle - Q_N(A_{a,v}(f), l)|^2 \leqslant cn^{-2s} \| A_{a,v}(f) \|_{X^m(I^d)}^2$$

因此可知：

$$\| \widetilde{S}_n^a - \widetilde{S}_{n,N}^a \|^2 \leqslant cn^{-s} \sum_{v \in \{-1,0,1\}^d} \| A_{a,v}(f) \|_{X^m(I^d)} \tag{2.19}$$

将式(2.18)和式(2.19)代入式(2.17)，可知存在正常数 c 和正整数 n_0 满足对于所有 $f \in H_0^s(I^d) \bigcap X^m(I^d)$ 和 $n \in \mathbb{N}$、$n \geqslant n_0$，不等式(2.15)成立。此外，可以直接利用文献中的结果得到上述算法中的乘法数 M_n 为式(2.16)。

为了验证上述算法的逼近精度，本章设计了两个数值算例，在算例中选择两个具有不同 Sobolev 正则性的函数。对于每一个函数，考虑利用具有不同参数 a 的基底展开函数，并且与文献中提出的稀疏网格上的 Fourier 展开对比逼近效果。在数值算例中，定义相对误差 Err 及逼近阶 AO 如下：

$$\mathrm{Err}: = \frac{\| f - \widetilde{S}_{n,N}^a \|}{\| f \|}, \quad \mathrm{AO}: = \log_2 \frac{\| f - \widetilde{S}_{n,N(n)}^a \|}{\| f - \widetilde{S}_{2n,N(2n)}^a \|}$$

选择可加细集 $V: = \left\{ v_r = \frac{r+1}{3} : r \in \mathbb{Z}_2 \right\}$。

2.5.2 算例

例 2.1 考虑函数：

$$f_d(t) = \prod_{k \in \mathbb{Z}_d} t_k^{0.1}, \quad t = [t_k : k \in \mathbb{Z}_d] \in I^d$$

对任意的 $\varepsilon > 0$，记 $f_d \in H_0^{0.5-\varepsilon}(I^d)$，因此理论收敛阶为 $0.5 - \varepsilon$。$d = 2$ 和 $d = 3$ 的数值解分别列在表 2.1 和表 2.2 中。

表 2.1　例 2.1 的二维数值解

n	$a=[0,0]$		$a=[0.2,0.3]$		$a=[0.3,0.3]$	
	Err	AO	Err	AO	Err	AO
64	3.15×10^{-2}	—	2.52×10^{-2}	—	2.42×10^{-2}	—
128	2.30×10^{-2}	0.4542	1.77×10^{-2}	0.5081	1.70×10^{-2}	0.5052
256	1.68×10^{-2}	0.4561	1.23×10^{-2}	0.5267	1.18×10^{-2}	0.5244
512	1.22×10^{-2}	0.4640	8.29×10^{-3}	0.5681	8.01×10^{-3}	0.5639
1024	8.73×10^{-3}	0.4797	5.52×10^{-3}	0.5867	5.36×10^{-3}	0.5813

表 2.2　例 2.1 的三维数值解

n	$a=[0,0,0]$		$a=[0.2,0.3,0.1]$		$a=[0.3,0.3,0.3]$	
	Err	AO	Err	AO	Err	AO
64	3.83×10^{-2}	—	3.79×10^{-2}	—	3.45×10^{-2}	—
128	2.75×10^{-2}	0.4807	2.59×10^{-2}	0.5487	2.37×10^{-2}	0.5415
256	1.93×10^{-2}	0.5049	1.76×10^{-2}	0.5632	1.61×10^{-2}	0.5594
512	1.31×10^{-2}	0.5670	1.17×10^{-2}	0.5923	1.06×10^{-2}	0.5960

例 2.2　考虑函数：

$$g_d(t)=\prod_{k\in\mathbb{Z}_d}(t_k-\pi)^2,\quad t=[t_k:k\in\mathbb{Z}_d]\in I^d$$

对任意的 $\varepsilon>0$，记 $g_d\in H_0^{1.5-\varepsilon}(I^d)$，因此理论收敛阶为 $1.5-\varepsilon$。选择可加细集 $V:=\left\{v_r=\dfrac{r+1}{3}:r\in\mathbb{Z}_2\right\}$。$d=2$ 和 $d=3$ 的数值解分别列在表 2.3 和表 2.4 中。

表 2.3　例 2.2 的二维数值解

n	$a=[0,0]$		$a=[0.2,0.3]$		$a=[0.3,0.3]$	
	Err	AO	Err	AO	Err	AO
64	2.20×10^{-2}	—	1.76×10^{-2}	—	1.69×10^{-2}	—
128	6.53×10^{-3}	1.7523	5.02×10^{-3}	1.8098	4.83×10^{-3}	1.8069
256	1.88×10^{-3}	1.7964	1.38×10^{-3}	1.8630	1.32×10^{-3}	1.8715
512	5.31×10^{-4}	1.8239	3.67×10^{-4}	1.9108	3.54×10^{-4}	1.8987
1024	1.48×10^{-4}	1.8431	9.53×10^{-5}	1.9452	9.19×10^{-5}	1.9456

表 2.4　例 2.2 的三维数值解

n	$a=[0,0,0]$		$a=[0.2,0.3,0.1]$		$a=[0.3,0.3,0.3]$	
	Err	AO	Err	AO	Err	AO
64	5.48×10^{-2}	—	5.42×10^{-2}	—	4.94×10^{-2}	—
128	2.00×10^{-2}	1.4542	1.88×10^{-2}	1.5276	1.72×10^{-2}	1.5221
256	6.67×10^{-3}	1.5842	5.94×10^{-3}	1.6622	5.43×10^{-3}	1.6634
512	2.03×10^{-3}	1.7162	1.81×10^{-3}	1.7145	1.64×10^{-3}	1.7273

如表 2.1～表 2.4 所示,参数 $a=[0,0]$ 和 $a=[0,0,0]$ 为函数的线性 Fourier 展开情形;a 的其他取值为函数的非线性 Fourier 展开情形。

表 2.1 和表 2.3 为给定函数二维数值解的情形,对于例 2.1 中的函数 $f_d(t)$,以 $n=1024$ 为例,$a=[0,0]$ 时的相对误差为 8.73×10^{-3},$a=[0.2,0.3]$ 和 $a=[0.3,0.3]$ 时的相对误差分别为 5.52×10^{-3} 和 5.36×10^{-3},显然,非线性 Fourier 展开的误差要低于线性 Fourier 展开的误差;对于例 2.2 中的函数 $g_d(t)$,以 $n=1024$ 为例,$a=[0,0]$ 时的相对误差为 1.48×10^{-4},$a=[0.2,0.3]$ 和 $a=[0.3,0.3]$ 时的相对误差分别为 9.53×10^{-5} 和 9.19×10^{-5},非线性 Fourier 展开的误差也要低于线性 Fourier 展开的误差。

表 2.2 和表 2.4 为给定函数三维数值解的情形,对于例 2.1 中的函数 $f_d(t)$,以 $n=512$ 为例,$a=[0,0,0]$ 时的相对误差为 1.31×10^{-2},$a=[0.2,0.3,0.1]$ 和 $a=[0.3,0.3,0.3]$ 时的相对误差分别为 1.17×10^{-2} 和 1.06×10^{-2},非线性 Fourier 展开的误差也低于线性 Fourier 展开的误差;对于例 2.2 中的函数 $g_d(t)$,以 $n=512$ 为例,$a=[0,0,0]$ 时的相对误差为 2.03×10^{-3},$a=[0.2,0.3,0.1]$ 和 $a=[0.3,0.3,0.3]$ 时的相对误差分别为 1.81×10^{-3} 和 1.64×10^{-3},非线性 Fourier 展开的误差也低于线性 Fourier 展开的误差。

故由上述分析可得结论:对于给定的函数,非线性 Fourier 展开可以获得比线性 Fourier 展开的逼近精度更高的结果。

2.5.3　算法应用

为了初步测试该算法的有效性,首先任意给定一个已知无量纲的信号,如图 2.1所示;然后在该信号上叠加随机噪声,得到如图 2.2 所示的含有随机噪声的信号曲线。

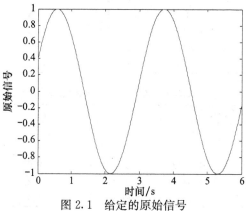

图 2.1　给定的原始信号

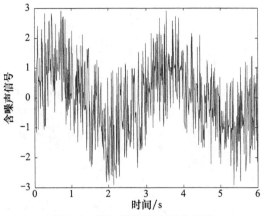

图 2.2　施加随机噪声后的信号

下面通过对含有随机噪声的信号应用该数据降噪算法,得到如图 2.3 所示的降噪后的信号曲线。从图中可以看出,该降噪处理算法较好地去除了含噪信号中的随机噪声,基本还原了原始数据信号。可见,仿真分析结果验证了该降噪算法的有效性。

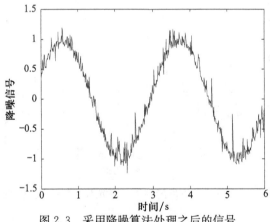

图 2.3　采用降噪算法处理之后的信号

接下来,为了进一步验证该算法的实际应用效果,随机选取了一段实测试验数据进行验证。如图 2.4 所示,该实测数据信号为林下参净光合速率 Pn 的日实测数据,数据采样点中的噪声信号非常显著。

然后,对其应用该降噪算法,降噪处理后的净光合速率数据如图 2.5 所示。从图中可以看出,该自适应数据处理算法能较好地去除实测信号中的干扰噪声,实际应用效果良好。

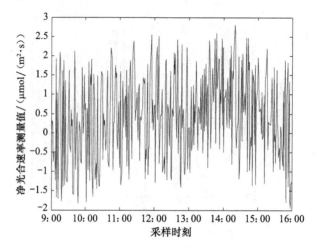

图 2.4　林下参净光合速率日实测数据

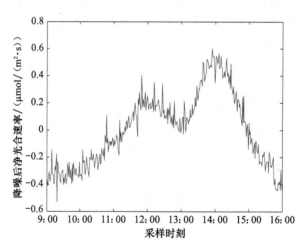

图 2.5　降噪处理后的林下参净光合速率日实测数据

第3章 基于机器学习的模式识别理论

3.1 引 言

光环境研究是合理指导林下参栽培的首要问题。由于人参的生长对光照条件要求严格,太阳辐射因子和光合作用因子对林下参的生长发育起着极为重要的作用,同时地理环境因素的差异对林下参的光环境又有着不同的影响,可见,要想根据已掌握的、有限的林下参试验数据对不同的种植光环境作出稳健而有效的预测,就必须借助有效可靠的模型预测方法,而机器学习和模式识别理论为解决此类问题提供了强大的技术支持,这也是本章探讨的重点。

3.2 模式识别理论基础

3.2.1 模式识别概述

模式识别是指利用计算方法对物理现象即"模式"进行分类或描述,在错误率最小的条件下,使识别的结果与客观物体相符合。模式识别在数据挖掘、生物特征识别、自动检测与图像分析等领域的应用越来越广泛,已成为当前一门典型的交叉学科和前沿学科。

模式识别是当今高科技研究的重要领域之一,它创立初期属于信息、控制和系统科学领域。模式识别是利用某些特征,对一组对象进行判别或分类,被分类的对象即模式,分类的过程即识别。模式识别所涉及的信息往往存在高维、影响因素多、关系复杂等特征,单靠人的思维往往难以有效地确定其规律,需要通过一定的数学方法借助计算机来完成。随着计算机技术的进步,模式识别技术有了长足的发展,同时也推动了以计算机科学为基础的具有智能性质的自动化系统的实际应用,促进了人工智能、专家系统、景物动态分析、图像识别、语音识别等多学科的发展,广泛应用于人工智能、机器人、系统控制、遥感数据分析、生物工程、医学工程、军事目标识别等领域,在国民经济、国防建设、社会发展等各个方面发挥着越来越重要的作用。

在众多学科的科学研究及工程应用中,人们往往通过对研究对象的观察和试验积累了海量的数据信息,并且由于对象的复杂性,这些数据具有高维、复杂非线性、强关联性和多噪声等特点。如何从这些数据信息中发现更多、更有价值的关系,找到其内在规律,建立的模型能良好地反映研究对象的实际特征和良好的可理解性,易与先验知识相结合,并能适应大规模数据处理的要求,正逐步成为科学工作者关注的焦点。常规数学手段已不能解决这个问题,现代模式识别将起到十分重要的核心作用。

现代模式识别从已知数据出发,首先参照相应的数学(或物理、化学)模型或经验规律得到一批特征量;然后进一步进行特征抽取以求得合适的特征量,形成模式空间或特征空间;最后通过模式识别算法进行训练和判别,以揭示已知数据信息中隐含的性质和规律,为研究者提供十分有用的决策信息和过程优化的重要信息。

3.2.2　模型预测方法

预测是利用已掌握的知识和手段,预先推知和判断事物未来或未知状况的结果。它包括五个要素:预测者、预测依据、预测方法、预测对象和预测结果。常用的模型预测方法有定性预测法、约束外推法和模拟模型预测法[42]。

1) 定性预测法

定性预测法是指依靠人的直观判断能力对所要预测事物的未来状况在性质上作出判断,而不考虑量的变化。它是在数据资料掌握不多的情况下,依靠人的经验和分析能力,用系统的、逻辑的思维方法,把有关资料加以综合,进行预测,如专家预测法、德尔菲预测法、主观概率预测法、交叉概率预测法等。虽然定性预测方法有很多,但该方法始终不能排除人的直观判断能力。因此,定性预测法又称直观预测法。

2) 约束外推法

约束外推法是指在大量的随机现象中找到一定的约束即规律,根据这个规律对系统未来状况作出预测的方法,如趋势外推法、迭代外推法、移动平均法、指数平滑法等。约束外推法多用于时间序列的预测。

3) 模拟模型预测法

模拟模型预测法是根据"同态性原理"建立被预测事物的同态模型,然后根据"边界性原理"确定事件的边界值,对事物进行预测的方法。模拟模型预测法主要有回归分析与相关分析法、最小二乘法、联立方程法、弹性系数法等。

　　预测运算使用的预测模型主要有探索性模型和规范性模型两种。有了预测模型就可以进行预测运算,包括对数学模型的求解。在进行具体预测计算的过程中,要根据对象的特点和要求,选择合适的预测方法,如时间序列外推法、相关分析法等。在大多数情况下,为了尽量降低预测误差,求得比较符合未来实际情况的预测结果,也可以对同一预测对象的同一预测要求同时采用两种或两种以上的不同预测方法,以便将运算结果进行综合和对比,取其最优解。

3.3　机器学习及常用算法

3.3.1　机器学习的理论基础

1. 机器学习概述

　　“学习”是人类与生俱有的最基本的能力。自从有了计算机,“学习”就成为人们研究的主要问题之一。人们对实际事例进行分析、研究,归纳出一般性的规律,进而对不能或不易直接进行观察的事件进行估计。以上研究表明,按照分析所得的规律既能合理地解释已发生的实例,又能对以后发生的事情或现象进行估计和预测。事实上,对某一对象进行定量分析就是对其建立模型的过程,它恰恰是许多科学研究者要讨论的核心问题。所建模型可以达到控制、预测等目的,以上的建模过程就是机器学习过程[43-47]。

　　“学习”过程包含知识获取以及能力改善两个主要方面:第一方面是指获得知识、发现规律、积累经验等;而第二方面则是指改进性能、适应环境、获得自我完善等。在“学习”过程中,这两者是密切相关的,前者是学习的核心,后者则是学习的结果。

　　典型的机器学习模型应包含学习过程中四个最基本的环节:环境、知识库、学习环节和执行环节。前两个环节是某种表达方式下的信息集合,后两个环节代表两个过程。其中学习环节类似于学习算法,是对外界提供的信息进行处理,以便达到改善知识库中内容的目的。知识库中已储存了大量的以某种形式表达的信息,而执行环节是要通过知识库中的信息来达到某种目的,然后将执行结果回送到学习环节中。机器学习的研究分为两个方面:一是机器自动捕捉有用的信息,使其更智能;二是机器总结人类思维规律及学习办法,使学习效率有所提高。机器学习的意义也是非常重要的,它可以把学习不断地延续下去,避免大量重复的学习,使知识积累达到新的高度。同时机器学习也有助于知识的传播。

2. 机器学习的研究内容

在计算机及人工智能领域,机器学习占有非常重要的地位。近年来,机器学习不仅在有关计算机的众多领域中扮演着很重要的角色,也为许多交叉学科提供了重要的技术支持。机器学习吸收了概率统计、认知科学、人工智能等众多学科的研究成果。在诸多应用领域中机器学习都展现了重要的价值,特别在数据挖掘、生物信息学、医药业、工业控制等多个领域都取得了突出的成果。

机器学习的研究领域很广,大体分为以下三个方面。

(1) 面向任务的研究:它可对一组预定的任务进行分析研究,能够改进其执行性能。

(2) 认知模型:它是研究人类思考、学习的过程,并可以运用计算机进行模拟。

(3) 理论分析:它从理论上研究可能的学习方法。

3. 机器学习要解决的问题

1) 回归问题

回归分析是机器学习中很重要的一部分,被广泛地应用于过程预测中。回归分析是解释因变量与自变量之间的内在关系,在特定的环境中,也可理解为推断一种因果关系。随着回归技术的广泛应用,对回归算法的要求更加苛刻。例如,若过程变量之间为简单的线性关系,则用线性方法即可,如最小二乘法、主成分分析法等;如果过程变量对及时性要求较高,则应考虑一些计算简单快速的算法,如一些线性方法一般计算较快;另外,如果过程变量之间是非线性关系,就只能用合适的非线性方法去处理问题。

2) 分类问题

分类是通过挖掘数据集的某些特点以便得出一个分类模型,这个模型能将未知类别样本映射到给定的类别当中的一类。分类与前面提到的回归都可用于预测,但与回归方法不同的是,分类的输出是离散的类别值,而回归的输出则是连续的或有序的值。数据分类的过程有以下两个步骤:

第一步,建立一个能够表述已知数据集概念或者类别的模型,这一模型是经过分析数据库所包含的各种数据得到的。分类学习也称为有指导学习,它在确定训练样本类别的前提下,通过学习建立相应的模型。

第二步,对未知数据进行分类。对模型的准确率进行估计,如果该模型的准确率被认为是满足要求的,那么可以使用这一模型对未来数据进行分类。

基于不同的分类思想会得到不同的算法,如基于归纳的决策树算法、基于距离的 KNN 算法、基于统计的贝叶斯算法等。目前应用较多的算法大致有以下几种:神经网络、模糊逻辑技术、决策树、贝叶斯、粗糙集、遗传算法等。使用的领域也非常广泛,如医学成像、图像跟踪、语音识别、生物信息学等。

4. 机器学习的常用算法

1) LS(最小二乘)法

最小二乘法属于一种优化技术,它的思想是为找出数据的最佳函数匹配而使各个数据之间的误差的平方和达到最小。它能够很容易地得出未知的数据,使其与真实值之间的误差的平方和最小。最小二乘法还可用于曲线拟合。从几何意义上看,有效的回归方程应该能使估计偏差的平方和达到最小。最小二乘法实际上是一种线性回归方法,具有无偏性,且方法简单易行,而其缺点是在实际应用中需要较大的样本信息。

2) PLS(偏最小二乘)算法

偏最小二乘算法可以看成多元线性回归算法的一种扩展算法,其目的是解释输入变量和输出变量之间的线性关系。在复杂多变量的系统中,偏最小二乘算法将自变量与因变量看成具有线性关系的数据矩阵,利用信息分解思路,把显变量中的有用信息重新进行综合筛选、组合,提取出相互正交的隐变量,它们不仅能够最大限度地解释自变量的信息,而且能够准确反映因变量与自变量之间的线性关系,排除变量之间多重相关性的影响,以及噪声信息的干扰。因此,偏最小二乘算法与常规的线性回归方法不同,它选用相互独立的隐变量进行建模、预测,使得偏最小二乘算法能够广泛应用于变量间存在多重相关性或数据不完整等场合。

3) SVM(支持向量机)算法

支持向量机算法是建立在统计学习理论的 VC 维理论和结构风险最小原理基础上的,擅长处理样本数据线性不可分的情况,主要通过松弛变量(或惩罚变量)和核函数技术来实现,它在解决小样本、非线性及高维模式识别中表现出许多特有的优势[48],并能够推广应用到函数拟合等其他机器学习问题中。支持向量机算法是根据有限的样本信息在模型的复杂性(即对特定训练样本的学习精度)和学习能力(无错误的识别任意样本的能力)之间寻求最佳折中,以期获得最好的推广能力(或称泛化能力)。

4) GP(高斯过程)算法

高斯过程算法是近年来发展迅速的一种全新的学习方法,它是基于输入变量服从联合高斯分布假设的建模技术,既可用于回归问题研究,也可用于分类问题的研究,该方法具有超参数可自适应获取及预测输出具有概率意义等优点。

3.3.2 偏最小二乘算法

在一般的多元线性回归模型中,如果有一组因变量 X 和一组自变量 Y,当数据总体能够满足高斯-马尔可夫假设条件时,可根据最小二乘法进行常规的线性回归计算。但是,当 X 中的变量存在严重的多重相关性时,或者变量个数与 X 中的样本点个数相比明显过多时,这个回归分析的结果就会失效。偏最小二乘回归分析为这个问题提供了非常有效的解决方案,下面介绍偏最小二乘回归的建模过程。

设有 q 个因变量 $\{y_1, y_2, \cdots, y_q\}$、$p$ 个自变量 $\{x_1, x_2, \cdots, x_p\}$,为了研究自变量与因变量的统计关系,观测 n 个样本点,由此构成了因变量与自变量的数据表 $Y = (y_1, y_2, \cdots, y_q)_{n \times q}$ 与 $X = (x_1, x_2, \cdots, x_p)_{n \times p}$。偏最小二乘回归分别在 X 与 Y 中提取出成分 t_1 和 u_1(t_1 是 $x_1, x_2, \cdots, x_p$ 的线性组合,u_1 是 y_1,$y_2, \cdots, y_q$ 的线性组合)。提取这两个成分时,为了回归分析的需要,有下列两个要求:

(1) t_1 与 u_1 尽量多地携带它们各自数据表中的变异信息;

(2) t_1 与 u_1 的相关程度能够达到最大。

这两个要求表明,t_1 与 u_1 应尽量好地代表数据表 X 和 Y;同时,成分 t_1 对成分 u_1 有较强的解释能力。在成分 t_1 和 u_1 被提取后,再分别进行 X 对 t_1 的回归和 Y 对 u_1 的回归。若回归结果达到满意精度,那么算法终止;否则,将利用残余信息,即 X 被 t_1 解释之后的信息和 Y 被 u_1 解释后的信息进行第二轮成分提取。如此反复进行,直到达到较满意的精度。如果最终共提取了 m 个成分 $t_1, t_2, \cdots, t_m$,那么偏最小二乘回归将实施 $y_k(k = 1, 2, \cdots, q)$ 对 t_1,$t_2, \cdots, t_m$ 的回归,然后表示成 y_k 关于变量 $x_1, x_2, \cdots, x_p$ 的回归方程。

根据偏最小二乘算法的原理,成分的提取和建模的具体步骤表示如下。

为推导方便,首先进行数据标准化。对 X 进行标准化后的矩阵表示为 $E_0 = (E_{01}, E_{02}, \cdots, E_{0p})_{n \times p}$,对 Y 进行标准化后的矩阵表示为 $F_0 = (F_{01}, F_{02}, \cdots, F_{0q})_{n \times q}$。

步骤 1 记 t_1 是 E_0 的第 1 个成分,$t_1 = E_0 w_1$,w_1 是 E_0 的第 1 个轴,它是

一个单位向量,即 $\|w_1\| = 1$。

记 u_1 是 F_0 的第 1 个成分,$u_1 = F_0c_1$,c_1 是 F_0 的第 1 个轴,且 $\|c_1\| = 1$。

若要使 t_1 和 u_1 能较好地代表 X 和 Y 包含的变异信息,由主成分分析原理可知:

$$\mathrm{Var}(t_1) \to \max$$

$$\mathrm{Var}(u_1) \to \max$$

同时,因回归需要,又要求 t_1 对 u_1 拥有最强的解释能力,根据相关分析的思想,t_1 和 u_1 的相关程度应该达到最大值,即

$$r(t_1, u_1) \to \max$$

综上所述,在偏最小二乘回归中要求 t_1 与 u_1 的协方差值最大,即

$$\mathrm{Cov}(t_1, u_1) = \sqrt{\mathrm{Var}(t_1)\mathrm{Var}(u_1)}\, r(t_1, u_1) \to \max \tag{3.1}$$

数学表述应该是求解下列优化问题,即

$$\max \langle E_0 w_1, F_0 c_1 \rangle$$

$$\mathrm{s.\,t.} \begin{cases} w_1^{\mathrm{T}} w_1 = 1 \\ c_1^{\mathrm{T}} c_1 = 1 \end{cases}$$

在 $\|w_1\| = 1$ 和 $\|c_1\| = 1$ 的约束条件下,求 $w_1^{\mathrm{T}} E_0^{\mathrm{T}} F_0 c_1$ 的最大值。

采用 Lagrange 算法,记

$$s = w_1^{\mathrm{T}} E_0^{\mathrm{T}} F_0 c_1 - \lambda_1 (w_1^{\mathrm{T}} w_1 - 1) - \lambda_2 (c_1^{\mathrm{T}} c_1 - 1)$$

分别对 s 求关于 w_1、c_1、λ_1 和 λ_2 的偏导数,令其为 0,即

$$\frac{\partial s}{\partial w_1} = E_0^{\mathrm{T}} F_0 c_1 - 2\lambda_1 w_1 = 0 \tag{3.2}$$

$$\frac{\partial s}{\partial c_1} = F_0^{\mathrm{T}} E_0 w_1 - 2\lambda_2 c_1 = 0 \tag{3.3}$$

$$\frac{\partial s}{\partial \lambda_1} = -(w_1^{\mathrm{T}} w_1 - 1) = 0 \tag{3.4}$$

$$\frac{\partial s}{\partial \lambda_2} = -(c_1^{\mathrm{T}} c_1 - 1) = 0 \tag{3.5}$$

由式(3.2)~式(3.5)可推得

$$2\lambda_1 = 2\lambda_2 = w_1^{\mathrm{T}} E_0^{\mathrm{T}} F_0 c_1 = \langle E_0 w_1, F_0 c_1 \rangle$$

记 $\theta_1 = 2\lambda_1$,θ_1 为优化问题的目标函数值,将式(3.2)和式(3.5)写为

$$E_0^{\mathrm{T}} F_0 c_1 = \theta_1 w_1 \tag{3.6}$$

$$E_0^{\mathrm{T}} F_0 w_1 = \theta_1 c_1 \tag{3.7}$$

将式(3.7)代入式(3.6)中,有

$$E_0^T F_0 F_0^T E_0 w_1 = \theta_1^2 w_1 \tag{3.8}$$

同理,可得

$$F_0^T E_0 E_0^T F_0 c_1 = \theta_1^2 c_1 \tag{3.9}$$

可见,w_1 是矩阵 $E_0^T F_0 F_0^T E_0$ 的特征向量,其特征值为 θ_1^2。θ_1 是目标函数值,要求 θ_1 取到最大值,故 w_1 是对应于 $E_0^T F_0 F_0^T E_0$ 矩阵最大特征值的单位特征向量。另外,c_1 是矩阵 $F_0^T E_0 E_0^T F_0$ 的最大特征值 θ_1^2 对应的单位特征向量。

求得 w_1 与 c_1 的值后,可得

$$t_1 = E_0 w_1$$
$$u_1 = F_0 c_1$$

再分别求 E_0、F_0 对 t_1、u_1 的回归方程:

$$E_0 = t_1 p_1^T + E_1 \tag{3.10}$$

$$F_0 = u_1 q_1^T + F_1^* \tag{3.11}$$

$$F_0 = t_1 r_1^T + F_1 \tag{3.12}$$

其中,回归系数向量分别是

$$p_1 = \frac{E_0^T t_1}{\| t_1 \|^2} \tag{3.13}$$

$$q_1 = \frac{F_0^T u_1}{\| u_1 \|^2} \tag{3.14}$$

$$r_1 = \frac{F_0^T t_1}{\| t_1 \|^2} \tag{3.15}$$

而 E_1、F_1^*、F_1 分别是式(3.10)~式(3.12)的残差矩阵。

步骤 2 用 E_1、F_1 取代 E_0、F_0,求第二个轴 w_2 和 c_2 以及第二个成分 t_2 和 u_2,有

$$t_2 = E_1 w_2 \tag{3.16}$$

$$u_2 = F_1 c_2 \tag{3.17}$$

$$\theta_2 = \langle t_2, u_2 \rangle = w_2^T E_1^T F_1 c_2 \tag{3.18}$$

式中,w_2 是矩阵 $E_1^T F_1 F_1^T E_1$ 的最大特征值 θ_2^2 对应的单位特征向量;c_2 是矩阵 $F_1^T E_1 E_1^T F_1$ 的最大特征值 θ_2^2 对应的单位特征向量。计算回归系数如下:

$$p_2 = \frac{E_1^T t_2}{\| t_2 \|^2} \tag{3.19}$$

$$r_2 = \frac{F_1^T t_2}{\| t_2 \|^2} \tag{3.20}$$

因此,有回归方程:

$$E_1 = t_2 p_2^{\mathrm{T}} + E_2 \tag{3.21}$$

$$F_1 = t_2 r_2^{\mathrm{T}} + F_2 \tag{3.22}$$

如此计算下去,如果 X 的秩是 A,则会有

$$E_0 = t_1 p_1^{\mathrm{T}} + t_2 p_2^{\mathrm{T}} + \cdots + t_A p_A^{\mathrm{T}} \tag{3.23}$$

$$F_0 = t_1 r_1^{\mathrm{T}} + t_2 r_2^{\mathrm{T}} + \cdots + t_A r_A^{\mathrm{T}} + F_A \tag{3.24}$$

由于 $t_1, t_2, \cdots, t_A$ 均可以表示成 $E_{01}, E_{02}, \cdots, E_{0p}$ 的线性组合,所以可还原成 $y_k^* = F_{0k}$ 关于 $x_j^* = E_{0j}$ 的回归方程形式,即

$$y_k^* = a_{k1} x_1^* + a_{k2} x_2^* + \cdots + a_{kp} x_p^* + F_{Ak}, \quad k = 1, 2, \cdots, q \tag{3.25}$$

利用偏最小二乘算法,可以有效解决试验样本点较少的回归建模问题,例如,根据实测的林下参的光合作用因子数据,通过成分提取和分析,能够获得林下参净光合速率的偏最小二乘预测模型,该模型的各个变量回归系数的分布及与因变量的相关性如图 3.1 所示。

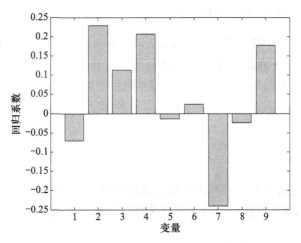

图 3.1　基于偏最小二乘算法得到的林下参净光合速率模型的回归系数分布

3.4　智能算法及常见算法

3.4.1　智能算法

智能计算是人们受自然规律的启迪,根据其原理,模仿求解问题的一种算法。智能计算技术涉及数学、物理学、心理学、生理学、神经科学、智能技术及计算机科学等众多交叉学科。第二代的人工智能方法包括神经网络、进化、遗

传、免疫等,在多学科领域中有广泛的应用,不仅为认知科学和人工智能提供了新的科学研究方法,而且为信息科学提供了有效的技术处理方法。深入地研究、开展智能计算具有重要的理论意义和应用前景。

智能计算主要包含以下几个算法:

(1) 支持向量机算法;

(2) 分类算法;

(3) 群智能算法;

(4) 聚类和模糊聚类算法。

智能计算所涉及的领域主要有人工神经网络、模糊系统、进化计算以及不同领域交叉产生的混合智能。随着当今社会各个领域的数据量急剧上升,对大数据的处理能力要求越来越高,因此研究智能计算对解决大数据的处理问题具有重要的现实意义,尤其在科学研究领域具有独特的优势。

3.4.2　自适应神经模糊推理方法

自适应神经模糊推理系统(adaptive network-based fuzzy inference system,ANFIS)是一种基于数据的建模与智能计算方法,它可以自行对模糊规则初始化,不依赖经验,而且还能自动调节模糊推理系统的结构参数,进而实现对系统的有效控制[49]。它对于解决非线性、特性非常复杂的系统有很高的价值。

1. ANFIS 概述

ANFIS 是指具有学习算法的模糊逻辑系统,该系统由服从模糊逻辑规则的一组"IF-THEN"规则构成,学习算法则依靠数据对推理逻辑系统的参数进行调整。

一般的模糊推理系统主要依赖专家或人的经验、知识。然而,对于某些非线性系统,因为不确定性和非线性等特点,通常采用模糊控制对其实现实时控制,而且模糊系统的输入、输出是高度非线性的,模糊规则缺乏有效的学习机制。

因为隶属度函数的形状取决于参数,参数的变化将改变隶属度函数的形状和重要性质,而 ANFIS 最大的特点就是系统中的隶属度函数及规则是通过对大量数据的学习获得的,而不是基于经验给定的。这对于系统特性未被完全了解的系统尤为重要。同时,人工神经网络的最大优势在于它善于对参数进行自适应学习,且具有泛化能力。人工神经网络可充分逼近任意复杂的非线性关系,对环境变化有着极强的自学习能力[50-52]。

ANFIS 具有显著的泛化能力,其优势主要体现在:

(1) 系统可获得高度非线性映射,这样重构非线性时间序列时,比一般线性模型优越;

(2) 系统可调参数个数较少;

(3) 通过合理设计系统初始参数,可使系统快速收敛于动态特性的参数值;

(4) 系统由局部映射的模糊规则构成,因此便于实施最小扰动原理。

2. ANFIS 结构

假定所设计的模糊推理系统具有两个输入 x 和 y,一个输出 z。对于一阶 Sugeno 模型,具有两条模糊"IF-THEN"规则的普通规则集如下。

规则 1:如果 x 是 A_1 且 y 是 B_1,那么 $f_1=p_1x+q_1y+r_1$。

规则 2:如果 x 是 A_2 且 y 是 B_2,那么 $f_2=p_2x+q_2y+r_2$。

图 3.2 对这种 Sugeno 模型的推理机制进行了解释,其等效的 ANFIS 结构如图 3.3 所示。

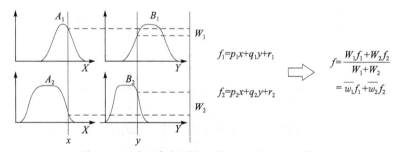

图 3.2　具有两条规则的二输入一阶 Sugeno 模型

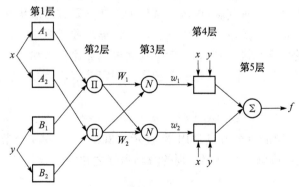

图 3.3　等效的 ANFIS 结构

图 3.3 中各层的输出情况如下。

第 1 层:该层每个节点 i 是以节点函数表示的方形自适应节点,其输出为

$$O_i^1 = \mu_{A_i}(x) \tag{3.26}$$

其中,x 是节点 i 的输入;A_i 是与该节点函数值相关的语言变量,即相应论域上的模糊集;O_i^1 是模糊集 A_i 的隶属度函数,它确定了输入 x 隶属于 A_i 的程度。A_i 的隶属度函数可以是任意合适的参数化隶属度函数,如一般的钟形函数:

$$\mu_{A_i}(x) = \cfrac{1}{1 + \left| \cfrac{x - c_i}{a_i} \right|^{2b_i}} \tag{3.27}$$

其中,$\{a_i, b_i, c_i\}$ 为前提参数,当这些参数的值发生改变时,钟形函数也随之改变。如图 3.4 所示,c 决定了函数的中心;a 是 1/2 宽度;b 和 a 决定了函数在 0.5 处的坡度。

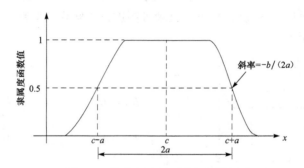

图 3.4　钟形隶属度函数物理意义图

实际上,任意一个连续、分段可微的函数也可以作为这一层的函数,但这些函数存在着这样一种问题:参数调整后的隶属度函数的形状可能会被破坏,即参数的约束 $a < b \leqslant c < d$ 不再成立。对于钟形函数则不存在上述问题,因此从参数调整的角度来说,钟形和高斯型隶属度函数比梯形和三角形好。

第 2 层:该层的每个节点是一个圆圈形固定节点,其输出是所有输入信号之积:

$$\omega_i = \mu_{A_i}(x) \times \mu_{B_i}(y), \quad i = 1, 2 \tag{3.28}$$

第 3 层:该层的每个节点是用 N 表示的圆形节点,第 i 个节点用于计算第 i 条规则的激励强度与全部规则的激励强度之和的比值:

$$\bar{\omega}_i = \frac{\omega_i}{\omega_1 + \omega_2}, \quad i = 1, 2 \tag{3.29}$$

因此,该层的输出也称为标准化的激励强度。

第 4 层:该层的每个节点 i 是一个有节点函数的自适应节点,输出为

$$O_i^4 = \bar{\omega}_i f_i = \bar{\omega}_i(p_i x + q_i y + r_i) \tag{3.30}$$

其中,$\bar{\omega}_i$ 是从第 3 层传来的归一化激励强度,$\{p_i, q_i, r_i\}$ 是该节点的参数集。本层的参数称为结论参数。

第 5 层:该层的单节点是一个以 $\sum$ 作为标记的固定节点,它计算所有输入信号之和作为总输出:

$$O_i^5 = \sum_i O_i^4 = \frac{\sum_i \omega_i f_i}{\sum_i \omega_i} \tag{3.31}$$

由此就建立了一个功能上与 Sugeno 模型等价的自适应网络。该结构并不是唯一的,可以把第 2 层和第 4 层合并,从而获得一个只有 4 层的等价网络。同样,可在网络的最后一层执行权值归一化。在极端情况下,甚至可以把整个网络缩减为一个具有相同参数集的单自适应节点。

3. ANFIS 算法

ANFIS 的作用主要是应用神经网络学习技术,自适应调整模糊推理系统的参数和结构,包括变量数目、输入输出变量论域的划分、模糊规则数目,以及与隶属度函数有关的参数等[53,54]。ANFIS 的主要算法有梯度下降法、最小二乘法以及梯度下降法与最小二乘法的混合算法。要综合考虑计算的复杂性以及要达到的性能来确定选择哪种方法。ANFIS 采用 Sugeno 型推理系统来描述对象,同时又采用前馈神经网络表示该推理系统。一方面利用误差反向传播算法并结合梯度下降法,对 Sugeno 型推理系统的非线性参数进行辨识;另一方面利用最小二乘法辨识 Sugeno 型推理系统的线性参数。网络中包含了待定的前件参数和后件参数,通过算法训练 ANFIS,按规定的指标获得这些参数值,来达到建模的目的[55]。

因此,利用 ANFIS 算法进行建模的步骤如下:

(1)提炼出由专家经验得到的"IF-THEN"规则,平均分割输入变量空间建立初始隶属度函数,包括模糊规则个数、各个隶属度函数的形状等。

(2)获取输入和输出数据对,依照规定格式组合成为 ANFIS 算法的训练数据,训练参数化推理系统模型,根据一定的误差准则调整隶属度函数的参数,使该模型能逐渐逼近训练数据。继续学习,直至与训练样本的输出误差达

到一定要求。

(3) 有效性测试。通过实际测试获得的数据往往含有噪声信号,这些数据可能无法代表系统的所有特征,建模效果会大打折扣。因此,应选择既可以代表系统需要模拟的理想模型,又与训练数据有着充分区别的有效性检验数据。

考虑到不同环境因素的影响,利用 ANFIS 算法可以提高所建立预测模型的泛化能力,使模型具有较强的自学习和自适应的特点。

第 4 章　林下参种植光环境动态预测模型研究

4.1　引　　言

  人参属喜阴植物,所以在生长期内需要自然遮阴。一般选择天然针叶林(如红松、落叶松、樟子松等)和阔叶林(如椴树、桦树、柞树、色木槭、楸树等)构成的针阔混交林作为第一层遮阴屏障,与在其林冠下生长的低矮灌木等植被一同构成了多层遮阴屏障,满足林下参对散射光的需求[56]。因此,研究林木的生长模型对林下参生长光环境的预测与评价具有重要意义。为满足林下光辐射预测的需要,本章以试验地区的红松为研究对象,构建树木生长预估模型,这对于研究林下参光辐射环境以及构建林下参种植光环境预测与评价系统具有重要意义。

  要构建林下参种植光环境预测及评价系统,还需对林下参生长与生态因子的关系进行研究,除了生长环境中的水分因子、温度因子、土壤因子等对林下参的生长发育产生直接影响,林下的太阳辐射环境和光合作用因子对人参的生理特性(如碳同化作用和光合效率等)和形态特征同样有着极为重要的影响,因此对林下光环境因子与林下参生长的相关性开展研究具有重要意义。本章通过对试验样地林下参光环境因子的分析与研究,建立林下参净光合速率的多因素分析模型,并在此基础上构建基于自适应神经模糊系统的预测模型,理论研究及试验分析结果表明,该模型泛化能力强,具有较高的预测精度,对进一步研究林下参光环境预测与评价系统有重要作用。

4.2　试验地点与试验方法

4.2.1　试验地点

  研究样地位于吉林省梅河口市吉乐林场林下参种植基地,地处吉林省东南部,东经 125.5°,北纬 42.2°,海拔 514m,第二松花江流域辉发河上游,长白山区与松辽平原过渡地带,属北温带大陆性季风气候,全年日照时数2556h,5～9月份作物生长季节日照时数1159h;无霜期137天左右;年平均气温4.6℃,5～9月份作物生长季节≥10℃有效积温2851.4℃;年平均降水量708mm,5～9月份降水量550～600mm。随机选取6个4m² 的试验样地,各试验样地内生长着同批撒籽种植的8年生林下参,平均密度为4 株/m²。

4.2.2　试验方法及仪器设备

本次试验内容分两部分进行,具体试验情况如表4.1所示。

表 4.1　林下参光环境试验情况汇总表

试验时间	2011 年 7 月	2011 年 8 月
试验项目	林下辐射指标: ① 直射辐射(PFDdir,W/m²) ② 散射辐射(PFDdif,W/m²) ③ 光合有效辐射(PAR,μmol/(m² · s))	林下参光合生理指标: ① 净光合速率(Pn,μmol CO$_2$/(m² · s)) ② 蒸腾速率(Tr,mmol/(m² · s)) ③ 气孔导度(Gs,mmol H$_2$O/(m² · s)) ④ 胞间 CO$_2$ 浓度(Ci,mg/kg) ⑤ 空气中 CO$_2$ 浓度(Ca,mg/kg) ⑥ 叶温(Tl,℃) ⑦ 环境气温(Ta,℃) ⑧ 相对湿度(RH,%)
试验条件	天气条件:晴或少云,微风	
试验方法	① 采样时间:9:00～16:00 ② 采样间隔:1h ③ 采样方法:每个试验样地内测定五个固定点,每个点测定二次,取平均值	
仪器设备	① LI-6400 型便携式光合仪 ② MSR-16 型便携式多光谱辐射仪	

4.3　红松的树木生长模型研究

4.3.1　红松冠幅生长预估模型

冠幅是森林生长模型中的重要变量之一,它可以在单木生长模型中预测单木的树高和直径的生长,也可以用来计算林木的竞争指数[57-60]。冠幅也是树木可视化的重要参数之一。因此,研究冠幅的预测模型非常有意义。胸径

(D)是最常用的预测变量,而其他树木变量和林分因子也可以用来对冠幅进行预测,如树高、冠长、第一活枝高等。

　　通过对试验样地的林分因子进行采样分析,得到了如图 4.1～图 4.4 所示的冠幅与树高、胸径、冠长和第一活枝高的散点图。从采样数据中可以发现,单木冠幅与单木的树高、胸径、冠长、第一活枝高呈明显的线性关系,因此本书拟选用多元线性逐步回归方法建立单木冠幅的预估模型。

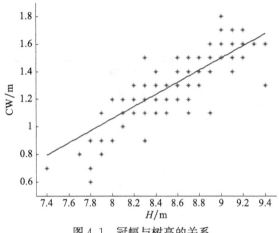

图 4.1　冠幅与树高的关系

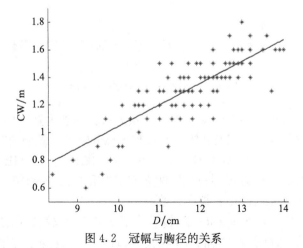

图 4.2　冠幅与胸径的关系

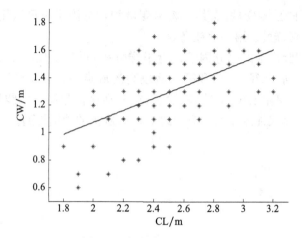

图 4.3　冠幅与冠长的关系

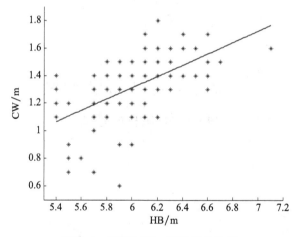

图 4.4　冠幅与第一活枝高的关系

如图 4.1～图 4.4 所示,模型的因变量为冠幅或者为冠幅的对数形式,自变量分别为树高、胸径、冠长和第一活枝高等林分因子。模型的基本形式为

$$CW = b_0 + b_1 \times D + b_2 \times H + b_3 \times CL + b_4 \times HB \qquad (4.1)$$

其中,H 为树高;CW 为冠幅;D 为胸径;CL 为冠长;HB 为第一活枝高;b_0、b_1、b_2、b_3、b_4 为多元线性回归拟合系数。

利用 MATLAB/Statistics 工具箱,采用逐步多元线性回归法选取方程中所需的自变量,通过引入和剔除不同的变量研究不同自变量的组合对回归结果的影响程度,确定影响变量的数量较少但回归结果的残差较小、统计量值 F

较大以及显著性概率 P 较小的结果。随着自变量个数的增加,模型的复相关系数在增大,但这并不能说明模型的拟合效果最好。当模型中加入多个变量以后,生长模型的复相关系数达到某一数值,复相关系数的增加值不再随着自变量个数的增加而发生较大的变化,基本保持在一定的水平上。根据生长模型的实用性原则,即为了减少森林调查中的作业量,不使用过多的变量,此时所入选的变量即最终选定模型的参数。

从图 4.5 中可看出,n 为变量的个数,R^2 是复相关系数的平方即拟合优度。变量个数增加,R^2 也随之增加。当 $n=1$ 和 $n=2$ 时,R^2 有明显的递增趋势,但是当 $n=3$ 时,R^2 的增加幅度很小。故可确定模型的自变量的个数最终为 2 个。

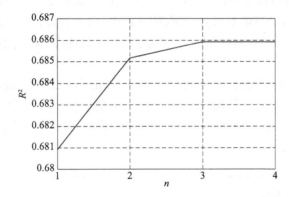

图 4.5　引入变量数与复相关系数的关系

通过逐步多元线性回归进行分析,最终确定采用胸径 D 和树高 H 作为单木冠幅生长预估模型的自变量,确定模型形式为

$$CW = b_0 + b_1 \times D + b_2 \times H \tag{4.2}$$

其中,H 为树高;CW 为冠幅;D 为胸径;b_0、b_1、b_2 为该模型的多元线性回归拟合系数。

红松人工林单木冠幅的拟合统计结果如表 4.2 所示。

表 4.2　红松人工林单木冠幅的拟合统计结果

变量数 n	逐步回归变量	复相关系数 R^2	F	P
1	D	0.680925	245.417	0
2	D, H	0.685159	124.044	0
3	D, H, CL	0.685923	82.2616	0
4	$D, H, \mathrm{CL}, \mathrm{HB}$	0.685923	82.2616	0

根据表 4.2,得到冠幅生长预估模型如下:

$$CW = -1.5021 + 0.0799139 \times D + 0.219114 \times H \tag{4.3}$$

红松人工林单木冠幅预估模型统计量如表 4.3 所示。

表 4.3　红松人工林单木冠幅预估模型统计量

参数	估计值	t 值	p 值	R^2	F	P	RMSE
b_0	-1.5021	-1.8869	0.0617				
b_1	0.0799139	1.2641	0.2088	0.6852	124.0437	0	0.126139
b_2	0.219114	1.2381	0.2182				

从表 4.3 中可以看出,模型的复相关系数为 68.52%,而且每个系数都通过了模型的 t 检验,说明模型的拟合效果很好。从多元线性回归的结果中可以看出,单木冠幅与单木的树高、胸径正相关,树高越高、胸径越大,单木冠幅就越大,且单木冠幅与胸径的相关性最大,其次是树高,而与冠长和第一活枝高的相关性较小。

由图 4.6 所示的估计值和残差所作的分布图可以看出,残差的散点呈均匀分布,并且没有发散的现象,没有出现异常的数值,这说明预估的效果是良好的。由图 4.7 所示的残差分布直方图可以看出,残差的分布近似正态,说明拟合的优度良好。

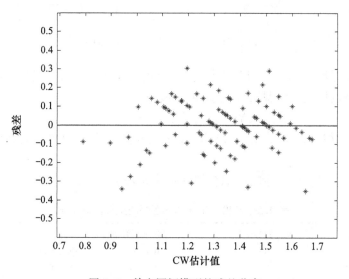

图 4.6　单木冠幅模型的残差分布

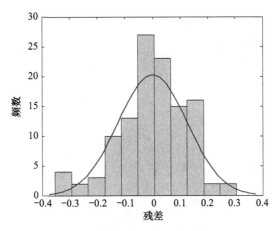

图 4.7 单木冠幅模型残差分布的直方图

4.3.2 红松冠长生长预估模型

研究表明,树冠的大小可直接影响林木的同化作用,树冠是预估树木生长量的基本依据之一[61-65]。所以,在建立了有效冠幅模型的基础上,本书对有效冠表面积进行了进一步的研究。

从图 4.8～图 4.10 的散点图中可以发现,单木冠长与单木的树高、胸径、冠幅呈较明显的线性关系,故拟选用逐步多元线性回归方法建立单木冠长的预估模型。模型的基本形式为

$$CL = b_0 + b_1 \times H + b_2 \times CW + b_3 \times D \tag{4.4}$$

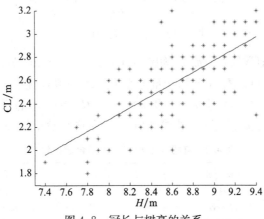

图 4.8 冠长与树高的关系

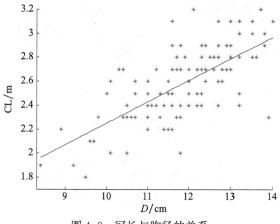

图 4.9　冠长与胸径的关系

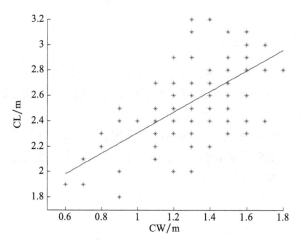

图 4.10　冠长与冠幅的关系

其中,H 为树高;CW 为冠幅;D 为胸径;CL 为冠长;b_0、b_1、b_2、b_3 为回归系数。

从表 4.4 中可以看出,n 为变量的个数,R^2 是拟合优度。变量个数增加,R^2 的数值也随之增加。当 $n=1$ 和 $n=2$ 时,R^2 有明显的递增趋势,但是当 $n=3$ 时,R^2 的增加幅度很小。故模型的自变量的个数最终确定为 2 个。

表 4.4　红松人工林冠长的拟合统计结果

变量数 n	逐步回归变量	R^2	F	P
1	H	0.692058	111.404	0
2	H,CW	0.693340	55.2316	0
3	H,CW,D	0.693354	36.6785	0

引入变量数与复相关系数的关系如图 4.11 所示。

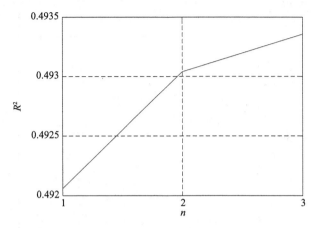

图 4.11　引入变量数与复相关系数的关系

通过逐步多元线性回归进行分析,确定冠长模型为

$$CL = b_0 + b_1 \times H + b_2 \times CW \qquad (4.5)$$

其中,H 为树高;CW 为冠幅;CL 为冠长;b_0、b_1、b_2 为该模型的多元线性回归拟合系数。

由表 4.5 得到冠长生长预估模型如下:

$$CL = -1.5815 + 0.46922 \times H + 0.0858828 \times CW \qquad (4.6)$$

表 4.5　红松人工林单木冠长预估模型统计量

参数	估计值	t 值	p 值	R^2	F	P	RMSE
b_0	−1.5815	−4.3280	0				
b_1	0.46922	5.5021	0	0.69334	55.5015	0	0.216876
b_2	0.0858828	0.5371	0.5923				

从表 4.5 中可以看出,模型的复相关系数为 69.334%,而且每个系数都通过了模型的 t 检验,说明模型的拟合效果较好。从多元线性回归的结果中可以看出,单木冠长与单木的树高、冠幅正相关,树高越高、冠幅越大,单木冠长就越大,且单木冠幅与树高的相关性最大,其次是冠幅,而与胸径的相关性较小。

由图 4.12 所示的估计值和残差所作的分布图可以看出,残差的散点呈均匀分布,并且没有发散的现象,没有出现异常的数值,这说明预估的效果是良好的。由图 4.13 所示的残差分布直方图可以看出,残差的分布近似正态,说明拟合的优度良好。

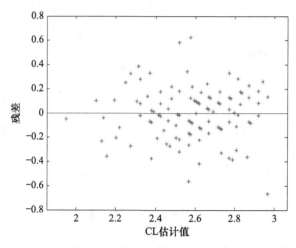

图 4.12　单木冠长模型的残差分布

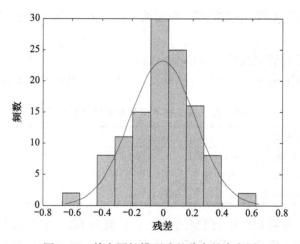

图 4.13　单木冠长模型残差分布的直方图

4.3.3　红松单木基本树高预估模型

传统森林测树学中的树高-胸径曲线称为基本树高曲线模型[66-72],常用的模型有以下几种:

(1) 直线式：$H=a+bD$。

(2) 双曲线式：$H=aD/(D+b)$ 或 $H=D^2/(a+bD)^2$。

(3) 抛物线式：$H=a+bD+cD^2$。

(4) Richards 式：$H=a(1-e^{-0.05D})^c$ 或 $H=a(1-e^{-bD})^c$。

(5) Logistic 式：$H=a/(1+be^{-cD})$。

(6) 单分子式：$H=a(1-e^{-bD})$。

(7) 体屈曲式：$H=aD^{2/3}$。

通过调研发现，从相关系数和残差的角度分析，抛物线理论模型的拟合效果最好，但是考虑到树高的生长不可能随着直径的生长而不断增大，树高的生长应随胸径的生长而生长，但是生长的速率应该是逐渐减小的，所以从生物学规律方面考虑，本书选择 Richards 理论模型作为红松人工林树高单木基本生长预估模型，即 $H=a(1-e^{-0.05D})^c$，但由于该方程在 $0<H<1.3$ 时，D 的取值不能为零，所以将基本方程转换为 $H=a(1-e^{-0.05D})^c+1.3$，这样既可以保持曲线呈 S 形，又能满足当 $0<H<1.3$ 时 D 的取值不为零的基本要求。

红松基本单木生长模型为

$$H=a(1-e^{-0.05D})^c+1.3 \tag{4.7}$$

最终得到的基本树高预估模型为

$$H=13.5301\times(1-e^{-0.05D})^{0.7592}+1.3 \tag{4.8}$$

4.4　林下参净光合速率预测模型研究

为了构建林下参种植光环境预测及评价系统，需要对林下参生长的太阳辐射环境和光合作用因子进行相关性研究。本书选取林下光环境因子中对林下参生理特性有重要影响的若干指标作为研究变量，试图通过深入分析，建立林下参光生理特性的多因素模型，进而对其进行模式进行识别研究，构建林下参光生理特性的自适应预测模型。

从试验数据中选取林下参光环境的辐射因子（直射辐射 PFDdir、散射辐射 PFDdif、光合有效辐射 PAR）和光合生理因子（净光合速率 Pn、气孔导度 Gs、蒸腾速率 Tr、环境气温 Ta、相对湿度 RH、胞间 CO_2 浓度 Ci）以及采样时刻 t 作为该预测模型的影响因素。为分析方便，变量分配如下：

x_1——采样时刻 t；

x_2——光合有效辐射 PAR；

x_3——气孔导度 Gs；

x_4——蒸腾速率 Tr;

x_5——环境气温 Ta;

x_6——相对湿度 RH;

x_7——胞间 CO_2 浓度 Ci;

x_8——直射辐射 PFDdir;

x_9——散射辐射 PFDdif;

y——净光合速率 Pn。

由于林下参光生理特性的影响因素较多,如果直接利用多元回归分析进行建模,很可能会因各个因素之间存在多重相关性,导致回归模型及回归系数的估计值稳定性较差,对样本数据的微小变化将变得非常敏感,同时对模型预测的结果带来一定的不确定性[73,74]。因此,有必要在模型构建之前,先对各个影响因素进行相关性分析,从而确定有无采用多元回归分析的必要性。

通过对每个试验样地的实测数据进行相关性分析,得到如表 4.6～表 4.11 所示的相关系数分析矩阵表。

表 4.6　相关系数矩阵分析表(试验样地 1)

变量	x_2	x_3	x_4	x_5	x_6	x_7	x_8	x_9	y
x_1	0.0616	0.4591	0.1639	0.9173	−0.8586	−0.0515	0.7317	0.3181	−0.2638
x_2		0.5211	0.9633	0.3199	−0.2249	−0.9253	0.0249	0.8745	0.8578
x_3			0.5627	0.6910	−0.7805	−0.5793	0.0492	0.8150	0.4285
x_4				0.4453	−0.3583	−0.8658	0.0922	0.9254	0.7799
x_5					−0.9697	−0.2574	0.5174	0.6278	−0.0507
x_6						0.1936	−0.3846	−0.6099	0.0885
x_7							−0.0062	−0.8260	−0.9033
x_8								0.0197	−0.0909
x_9									0.6699

表 4.7　相关系数矩阵分析表(试验样地 2)

变量	x_2	x_3	x_4	x_5	x_6	x_7	x_8	x_9	y
x_1	0.0813	0.5468	0.3163	0.9173	−0.8586	−0.2232	0.2772	0.1972	0.2213
x_2		0.6643	0.6971	0.3903	−0.3547	−0.8682	0.2362	0.4512	0.9642
x_3			0.6519	0.7662	−0.8232	−0.8404	0.3647	0.2997	0.7673
x_4				0.5895	−0.6034	−0.6357	−0.0545	0.8475	0.7573
x_5					−0.9697	−0.5389	0.1507	0.4500	0.5441
x_6						0.5996	−0.0990	−0.4462	−0.5233
x_7							−0.1587	−0.3801	−0.9010
x_8								−0.5335	0.1343
x_9									0.5577

表 4.8　相关系数矩阵分析表(试验样地 3)

变量	x_2	x_3	x_4	x_5	x_6	x_7	x_8	x_9	y
x_1	−0.2247	0.6313	0.1639	0.9173	−0.8586	−0.0515	−0.0714	0.1880	−0.2638
x_2		0.1010	0.8542	−0.0181	0.1399	−0.7720	−0.1171	0.7285	0.8502
x_3			0.5734	0.8314	−0.8823	−0.5442	−0.2585	0.6878	0.3202
x_4				0.4453	−0.3583	−0.8658	−0.2425	0.8762	0.7799
x_5					−0.9697	−0.2574	−0.2835	0.4313	−0.0507
x_6						0.1936	0.3777	−0.4092	0.0885
x_7							−0.1244	−0.8500	−0.9033
x_8								−0.2873	0.0106
x_9									0.8505

表 4.9　相关系数矩阵分析表(试验样地 4)

变量	x_2	x_3	x_4	x_5	x_6	x_7	x_8	x_9	y
x_1	0.1713	0.5991	0.3163	0.9173	−0.8586	−0.2232	−0.0728	−0.1490	0.2213
x_2		0.4090	0.5401	0.4725	−0.4617	−0.8975	−0.2488	0.3772	0.9383
x_3			0.8867	0.7767	−0.8083	−0.4944	0.1911	0.6991	0.5681
x_4				0.5895	−0.6034	−0.6357	0.3654	0.7968	0.7573
x_5					−0.9697	−0.5389	−0.1121	0.1402	0.5441
x_6						0.5996	0.1585	−0.2296	−0.5233
x_7							0.1411	−0.4098	−0.9010
x_8								0.2500	−0.0547
x_9									0.5149

表 4.10　相关系数矩阵分析表(试验样地 5)

变量	x_2	x_3	x_4	x_5	x_6	x_7	x_8	x_9	y
x_1	−0.2268	0.6311	0.1639	0.9173	−0.8586	−0.0515	0.2838	0.2726	−0.2638
x_2		0.1289	0.8553	−0.0037	0.1087	−0.7489	−0.0656	0.4965	0.8631
x_3			0.5792	0.8316	−0.8672	−0.5345	0.5940	0.8665	0.2964
x_4				0.4453	−0.3583	−0.8658	0.3532	0.7860	0.7799
x_5					−0.9697	−0.2574	0.5200	0.5893	−0.0507
x_6						0.1936	−0.5700	−0.6433	0.0885
x_7							−0.1610	−0.7281	−0.9033
x_8								0.4814	−0.0884
x_9									0.6356

表 4.11　相关系数矩阵分析表(试验样地 6)

变量	x_2	x_3	x_4	x_5	x_6	x_7	x_8	x_9	y
x_1	0.0836	0.2744	0.3163	0.9173	-0.8586	-0.2232	0.4363	0.2908	0.2213
x_2		0.9562	0.7952	0.3154	-0.4538	-0.3905	-0.0526	0.7135	0.3502
x_3			0.9040	0.5325	-0.6364	-0.5519	-0.0422	0.8080	0.5582
x_4				0.5895	-0.6034	-0.6357	-0.0033	0.6752	0.7573
x_5					-0.9697	-0.5389	0.3983	0.6008	0.5441
x_6						0.5996	-0.4066	-0.7262	-0.5233
x_7							-0.2329	-0.7528	-0.9010
x_8								0.1779	0.0122
x_9									0.6518

　　为了对林下参的净光合速率 Pn 进行有效预测,选取了与 Pn 有显著关系的诸多影响因素,但是从以上相关系数矩阵分析表中可以看出,在诸多影响因素中,存在着多个变量的多重相关性,如光合有效辐射 PAR 与蒸腾速率 Tr 的相关系数值最高达到了 0.9633,环境温度 Ta 与相对湿度 RH 的相关系数最高达到了 0.9697(负相关),气孔导度 Gs 与散射辐射 PFDdif 的相关系数最高达到了 0.8665,这些都表明在诸多影响因素中存在着多重相关性,所以在此条件下不适宜采用传统多元线性回归分析方法进行建模预测。

　　因此,本书采用偏最小二乘算法进行建模分析,该方法可以在各自变量之间存在严重多重相关性的条件下继续回归建模,同时在样本点个数较少的情况下有效地将回归建模、主成分分析和典型相关分析的功能有机地结合起来,回归模型的各个回归系数也更容易解释其意义。

4.4.1　基于 PLS 的净光合速率预测模型

　　按照第 3 章中关于偏最小二乘算法的分析原理,下面对林下参光环境的净光合速率进行多因素建模分析。

　　1. 数据的标准化

　　首先对所有采集的数据进行标准化处理,这样可以去除不同变量之间因存在数量级和量纲的不同而对数据分析后处理造成的不良影响。数据的标准化包含三方面的内容。

　　1) 数据的中心化处理

$$x_{ij}^* = x_{ij} - \bar{x}_j, \quad i = 1, 2, \cdots, n; j = 1, 2, \cdots, p \tag{4.9}$$

该变换可以使样本点集合的重心与新坐标的原点重合,既不改变样本点之间的相互位置,也不改变变量之间的相关性。而且变换后会带来许多技术上的便利。

如果 $\bar{g} = (\bar{x}_1, \bar{x}_2, \cdots, \bar{x}_p)^{\mathrm{T}} = (0, 0, \cdots, 0)^{\mathrm{T}}$,即数据是中心化的,则方差、协方差等统计量还可以表示成如下情况:

$$\mathrm{Var}(x_j) = \frac{1}{n} \parallel x_j \parallel^2 = \frac{1}{n} x_j^{\mathrm{T}} x_j = \frac{1}{n} \sum_{i=1}^{n} x_{ij}^2 \tag{4.10}$$

$$\mathrm{Cov}(x_j, x_k) = \frac{1}{n} \langle x_j, x_k \rangle = \frac{1}{n} x_j^{\mathrm{T}} x_k = \frac{1}{n} \sum_{i=1}^{n} x_{ij} x_{ik} \tag{4.11}$$

$$r_{jk} = \frac{s_{jk}}{s_j s_k} = \frac{\mathrm{Cov}(x_j, x_k)}{\sqrt{\mathrm{Var}(x_j) \mathrm{Var}(x_k)}} = \frac{\langle x_j, x_k \rangle}{\parallel x_j \parallel \cdot \parallel x_k \parallel} \tag{4.12}$$

这时,两个变量之间夹角的余弦值恰好与它们之间的相关系数相等:

当 $r_{jk} = 0$ 时,$\cos\theta_{jk} = 0$,可以推知 $\theta_{jk} = 90°$;

当 $r_{jk} = 1$ 时,$\cos\theta_{jk} = 1$,可以推知 $\theta_{jk} = 0°$。

2) 数据的无量纲化处理

若每个变量的测度单位是一致的,可以用欧氏距离来测定样本空间 F 中点与点之间的距离,有

$$d^2(e_i, e_k) = \parallel e_i - e_k \parallel^2 = \sum_{j=1}^{p} (x_{ij} - x_{jk})^2 \tag{4.13}$$

但是,通常在实际问题当中,变量不同,其测度单位往往也不一样,因此计算结果可能会存在假变异方向。在计算中必须消除这种假变异,否则会带来不良的结果。这就需要消除变量的量纲效应,使每个变量占有同等的表现地位。对不同的变量进行压缩处理是数据分析中常用的消量纲的方法,即使每个变量的方差都变成 1,即

$$x_{ij}^* = x_{ij}/s_j \tag{4.14}$$

还可以有其他消量纲的方法,如:

$$x_{ij}^* = x_{ij}/\max_i\{x_{ij}\} \tag{4.15}$$

$$x_{ij}^* = x_{ij}/\min_i\{x_{ij}\} \tag{4.16}$$

$$x_{ij}^* = x_{ij}/\bar{x}_j \tag{4.17}$$

$$x_{ij}^* = x_{ij}/R, \quad R = \max_i\{x_{ij}\} - \min_i\{x_{ij}\} \tag{4.18}$$

3) 数据的标准化处理

对数据进行标准化处理是指对数据同时进行压缩-中心化处理,即

$$x_{ij}^* = \frac{x_{ij} - \bar{x}_j}{s_j}, \quad i = 1, 2, \cdots, n; j = 1, 2, \cdots, p \tag{4.19}$$

标记新数据表为 $X^* = (x_{ij}^*)_{n \times p} = (x_1^*, x_2^*, \cdots, x_p^*)$。

在变量空间 E 中，下面两个结论成立：

(1) 变量的方差都为 1，即

$$\mathrm{Var}(x_j^*) = \frac{1}{n} \parallel x_j^* \parallel^2 = \frac{1}{n}(x_j^*)^\mathrm{T}(x_j^*)$$

$$= \frac{1}{n} \sum_{i=1}^{n} (x_j^*)^2 = \frac{1}{n} \sum_{i=1}^{n} \frac{(x_{ij} - \bar{x}_j)^2}{s_j^2} = s_j^2 / s_j^2 = 1 \tag{4.20}$$

变量集合 N_j 上的点均匀地分布在半径为 $\sqrt{n}$ 的超球面上，即 $\parallel x_j^* \parallel^2 = n$。

(2) 任意两个变量的协方差与它们的相关系数相等，即

$$\mathrm{Cov}(x_j^*, x_k^*) = \frac{1}{n}\langle x_j^*, x_k^* \rangle = \frac{\langle x_j^*, x_k^* \rangle}{\parallel x_j^* \parallel \cdot \parallel x_k^* \parallel} = r\langle x_j^*, x_k^* \rangle \tag{4.21}$$

对于标准化数据，其协方差矩阵等于它的相关系数矩阵 R，记

$$R = \begin{bmatrix} 1 & r_{12} & \cdots & r_{1p} \\ r_{21} & 1 & \cdots & r_{2p} \\ \vdots & \vdots & & \vdots \\ r_{p1} & r_{p2} & \cdots & 1 \end{bmatrix}_{p \times p}$$

由于 $r_{jk} = s_{jk}^*$，所以有 $V = R$。s_{jk}^* 表示标准化变量 x_j^* 与 x_k^* 的协方差，而 x_j^* 与 x_k^* 的相关系数是与原始变量 x_j 和 x_k 的相关系数相等的，故有

$$r(x_j^*, x_k^*) = \mathrm{Cov}(x_j^*, x_k^*) = \frac{1}{n}\langle x_j^*, x_k^* \rangle = \frac{1}{n} \sum_{i=1}^{n} \frac{(x_{ij} - \bar{x}_j)}{s_j} \frac{(x_{ik} - \bar{x}_k)}{s_k}$$

$$= \frac{\mathrm{Cov}(x_j, x_k)}{s_j s_k} = r(x_j, x_k) \tag{4.22}$$

所以，将 $r(x_j, x_k)$ 和 $r(x_j^*, x_k^*)$ 都记为 r_{jk}。当 $j = k$ 时，有

$$r_{jj} = \mathrm{Cov}(x_j^*, x_j^*) = \frac{1}{n}\langle x_j^*, x_j^* \rangle = \frac{1}{n} \parallel x_j^* \parallel^2 = \mathrm{Var}(x_j^*) = 1 \tag{4.23}$$

2. 主成分提取及累计建模

按照偏最小二乘理论，如果有一组因变量 $Y = \{y_1, y_2, \cdots, y_q\}$ 和一组自变量 $X = \{x_1, x_2, \cdots, x_p\}$，当数据总体满足高斯-马尔可夫假设条件时，由最小二乘法有

$$\hat{Y} = (X^\mathrm{T}X)^{-1}X^\mathrm{T}Y \tag{4.24}$$

其中,$\hat{Y}$ 是 Y 的线性最小方差无偏估计量。从式(4.24)容易看出,要对矩阵 $X^{\mathrm{T}}X$ 求逆,当 X 中的变量存在严重的多重相关性时,或者 X 中的样本点个数明显少于变量个数时,最小二乘估计量就会失效。为了有效地解决这个问题,偏最小二乘分析提出采用成分提取的方法。对于单张数据表 X,在主成分分析中,为了能找到最好地概括原数据信息的变量,在 X 中提取了第一主成分 F_1,使得 F_1 中所包含的原数据变异信息达到最大,即

$$\mathrm{Var}(F_1) \to \max \qquad (4.25)$$

在典型相关分析当中,为了从整体上研究两个数据表之间的相关关系,在 X 和 Y 中分别提取了典型成分 F_1 与 G_1,使之满足:

$$\max r(F_1, G_1)$$

$$\mathrm{s.\,t.} \begin{cases} F_1^{\mathrm{T}}F_1 = 1 \\ G_1^{\mathrm{T}}G_1 = 1 \end{cases} \qquad (4.26)$$

在使相关度达到最大的两个综合变量 F_1 与 G_1 之间,如果存在着明显的相关关系,那么可以认为两个变量集合之间也存在相关关系。而且,根据问题研究的需要,无论是主成分分析还是典型相关分析,都可以提取更高阶的成分。

因此,按照第 3 章关于偏最小二乘分析的步骤要求,对试验数据进行偏最小二乘累计建模。以试验样地 1 为例,提取的偏最小二乘主成分如表 4.12 所示。

表 4.12　偏最小二乘主成分提取表(试验样地 1)

序号	t_1	t_2	t_3
1	−2.2634	1.9385	−0.3008
2	−1.1367	1.6504	−0.3559
3	0.2386	1.8171	0.1881
4	3.3072	1.0288	0.8363
5	1.7488	−0.9857	−0.2063
6	0.9744	−1.5475	−1.1725
7	−0.8139	−1.9002	−0.2536
8	−2.0550	−2.0013	1.2648

经过三次主成分的提取,得到了关于净光合速率 Pn 的偏最小二乘回归模型如下:

$$y = -0.0702x_1 + 0.2283x_2 + 0.1140x_3 + 0.2075x_4 - 0.0135x_5$$
$$+ 0.0236x_6 - 0.2404x_7 - 0.0242x_8 + 0.1738x_9 \qquad (4.27)$$

3. 交叉有效性分析

在通常情况下,偏最小二乘回归方程不需要选取全部的成分 $t_1, t_2, \cdots, t_A$ 进行回归建模,而是可以采取截尾的方式,选择前 m 个成分,用这 m 个成分 t_1, $t_2, \cdots, t_m$ 就可以得到一个预测性能比较好的模型。事实上,当后面的成分不能为解释 F_0 提供更有意义的信息时,如果采用过多的成分只会对统计趋势的认识带来破坏,引导错误的预测结论。那么,如何确定最终所应提取的成分个数,就涉及偏最小二乘分析过程中的交叉有效性分析。

在多元线性回归分析中,为确定回归模型是否适用于预测应用,采用了抽样测试的方法。该方法是把观测到的样本点分成两个部分:一部分数据用于建立回归方程,求出回归系数估计量 b_B、拟合值 $\hat{y}_B$ 及残差均方和 $\hat{\sigma}_B^2$;另一部分数据作为试验点,代入所求得的回归方程中,由此求出 $\hat{y}_T$ 和 $\hat{\sigma}_T^2$。一般地,若 $\hat{\sigma}_T^2 \approx \hat{\sigma}_B^2$,则回归方程就会出现比较好的预测效果;若 $\hat{\sigma}_T^2 \gg \hat{\sigma}_B^2$,则回归方程的预测性能不好,不宜使用。

在偏最小二乘回归建模中,可通过考察增加一个新的成分能否对模型的预测功能有明显改进来确定应该选取多少个成分为宜。采用类似抽样测试法的方式,把所有 n 个样本点分成两个部分:一部分是除去某一个样本点 i 的其他样本点集合,使用 h 个成分拟合回归方程;另一部分是把被排除在外的样本点 i 代入拟合的回归方程中,由此得到 y_j 在样本点 i 上的拟合值 $\hat{y}_{hj(-i)}$。对每个 $i(i=1,2,\cdots,n)$ 重复上述测试,可以定义 y_j 的预测误差平方和为

$$S_{\text{PRESS},hj} = \sum_{i=1}^{n} (y_{ij} - \hat{y}_{hj(-i)})^2 \tag{4.28}$$

以及定义 Y 的预测误差平方和为

$$S_{\text{PRESS},h} = \sum_{j=1}^{q} S_{\text{PRESS},hj} \tag{4.29}$$

显然,若回归方程的误差很大,稳健性不好,则它对样本点的变动就会十分敏感,这种误差(扰动误差)的作用就会加大 $S_{\text{PRESS},h}$ 值。再利用所有样本点,拟合含 h 个成分的回归方程。记第 i 个样本点的预测值为 $\hat{y}_{hji}$,定义 y_j 的误差平方和为

$$S_{\text{SS},hj} = \sum_{i=1}^{n} (y_{ij} - \hat{y}_{hji})^2 \tag{4.30}$$

以及定义 Y 的误差平方和为

$$S_{\mathrm{SS},h} = \sum_{j=1}^{q} S_{\mathrm{SS},hj} \tag{4.31}$$

一般地,总是有 $S_{\mathrm{PRESS},h} > S_{\mathrm{SS},h}$,而又总是有 $S_{\mathrm{SS},h} < S_{\mathrm{SS},h-1}$ 。下面比较 $S_{\mathrm{SS},h-1}$ 与 $S_{\mathrm{PRESS},h}$ 的大小。$S_{\mathrm{SS},h-1}$ 是用全部样本点拟合的具有 $h-1$ 个成分的回归方程的拟合误差;$S_{\mathrm{PRESS},h}$ 虽然只增加了一个成分 t_h ,但含有样本点的扰动误差。如果含 h 个成分的回归方程的扰动误差在一定程度上小于含 $h-1$ 个成分回归方程的拟合误差,则可以认为增加一个成分 t_h ,会使预测的精度明显提高。因此,人们希望 $S_{\mathrm{PRESS},h}/S_{\mathrm{SS},h-1}$ 的比值越小越好。通常指定:

$$\frac{S_{\mathrm{PRESS},h}}{S_{\mathrm{SS},h-1}} \leqslant 0.95^2$$

即认为当 $\sqrt{S_{\mathrm{PRESS},h}} \leqslant 0.95\sqrt{S_{\mathrm{SS},h-1}}$ 时,增加新的成分 t_h 是有益的;反之,当 $\sqrt{S_{\mathrm{PRESS},h}} > 0.95\sqrt{S_{\mathrm{SS},h-1}}$ 时,增加新的成分 t_h 对减少方程的预测误差没有明显的改善。

另有一种称为"交叉有效性"的定义与之等价。对于每一个因变量 y_k ,定义

$$Q_{hk}^2 = 1 - \frac{S_{\mathrm{PRESS},hk}}{S_{\mathrm{SS},(h-1)k}} \tag{4.32}$$

对于全部的因变量 Y ,成分 t_h 的交叉有效性定义为

$$Q_h^2 = 1 - \frac{\displaystyle\sum_{k=1}^{q} S_{\mathrm{PRESS},hk}}{\displaystyle\sum_{k=1}^{q} S_{\mathrm{SS},(h-1)k}} = 1 - \frac{S_{\mathrm{PRESS},h}}{S_{\mathrm{SS},h-1}} \tag{4.33}$$

用交叉有效性测量成分 t_h 对预测模型精度的边际贡献有如下两个尺度:

(1) 当 $Q_h^2 \geqslant 1 - 0.95^2 = 0.0975$ 时,t_h 成分的边际贡献是显著的。显而易见,$Q_h^2 \geqslant 0.0975$ 与 $S_{\mathrm{PRESS},h}/S_{\mathrm{SS},h-1} < 0.95^2$ 是完全等价的决策原则。

(2) 对于 $k=1,2,\cdots,q$,至少有 1 个 y_k ,使得 $Q_{hk}^2 \geqslant 0.0975$,这时增加成分 t_h ,至少应使一个因变量 y_k 的预测模型得到明显的改善,才可以考虑增加成分 t_h 是有益的。

以试验样地 1 为例,通过在每一步主成分提取过程中进行交叉有效性分析,结果如表 4.13 所示。

表 4.13　交叉有效性分析表

序号	Q_h^2	临界值
1	0.782	0.0975
2	0.316	0.0975
3	0.127	0.0975
4	−0.265	0.0975

从表 4.13 中可以看出,当提取到第 4 个主成分时,交叉有效性判据 $Q_h^2=$ −0.265<0.0975(临界值),这意味着提取第 4 个主成分后对降低回归模型的预测误差没有明显的改善作用,因此最终确定主成分个数为 3 个。

通过以上偏最小二乘分析,可以得到真实物理意义下的 Pn 模型如下:

$$\begin{aligned} Pn = {} & 1.2856 - 0.0111t + 0.0120PAR + 0.0066Gs + 1.2409Tr - 0.0030Ta \\ & + 0.0011RH - 0.0064Ci - 0.0003PFDdir + 0.0076PFDdif \quad (4.34) \end{aligned}$$

4. 多因素影响权重分析

通过得到的林下参净光合速率 Pn 的偏最小二乘回归模型,可以作出如图 4.14~图 4.25 所示的各个试验样地对应的影响变量回归系数直方图和影响权重分析图。

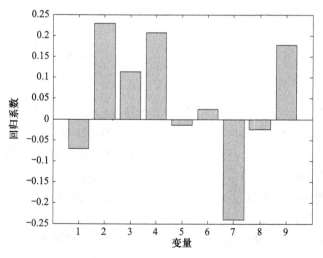

图 4.14　变量与回归系数直方图(试验样地 1)

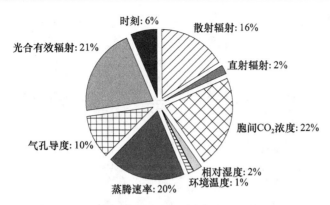

图 4.15　多因素影响权重分析图(试验样地 1)

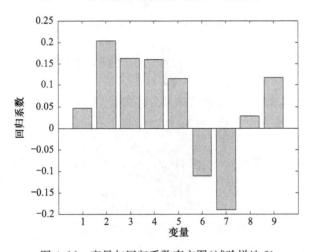

图 4.16　变量与回归系数直方图(试验样地 2)

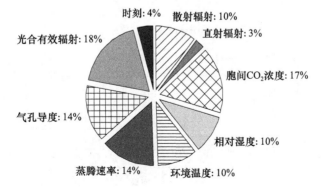

图 4.17　多因素影响权重分析图(试验样地 2)

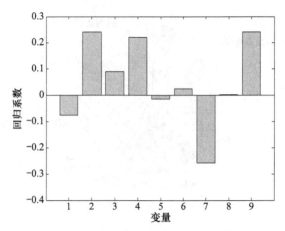

图 4.18　变量与回归系数直方图(试验样地 3)

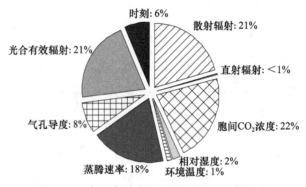

图 4.19　多因素影响权重分析图(试验样地 3)

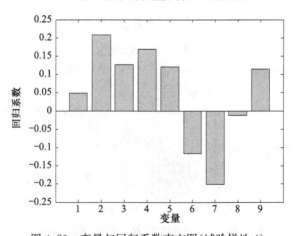

图 4.20　变量与回归系数直方图(试验样地 4)

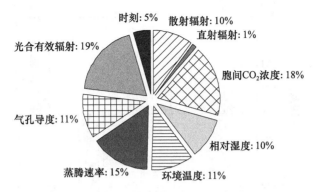

图 4.21　多因素影响权重分析图(试验样地 4)

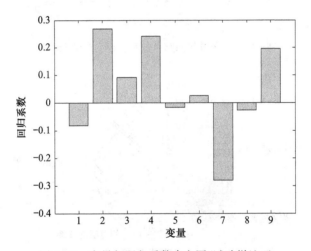

图 4.22　变量与回归系数直方图(试验样地 5)

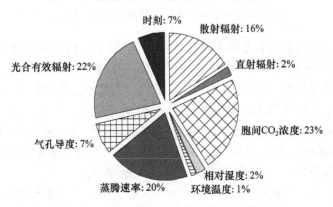

图 4.23　多因素影响权重分析图(试验样地 5)

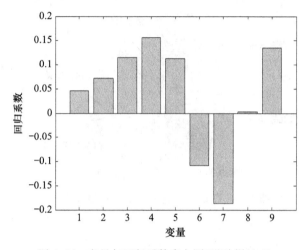

图 4.24　变量与回归系数直方图(试验样地 6)

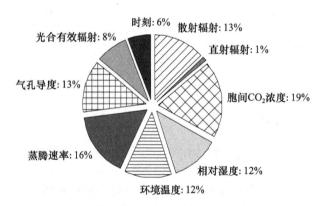

图 4.25　多因素影响权重分析图(试验样地 6)

　　从变量回归系数直方图中可以看出,由于每个试验样地所处的自然环境不同,所采样的数据具有一定的差异,所以每个试验样地对应的林下参净光合速率预测模型具有一定差异,个别因素的回归系数可能差别较大。但是,由于偏最小二乘分析自身的泛化能力较强,所得到的偏最小二乘模型对分析影响林下参光生理特性的各个因素的权重仍具有重要作用。从权重分析图中可知,各个因素中,t、PAR、Gs、Tr、Ci 以及 PFDdif 对 Pn 的影响权重较大,不能忽视;而 Ta、RH 以及 PFDdir 等因素影响权重较小。

　　从以上的影响权重分析图可知,如果去除上述几个权重值较低的因素,将剩余变量作为最终预测模型的主成分更为合理,同时预测模型也可以得到进一步简化。

通过重新选取主要因素后,再进行偏最小二乘建模,得到的回归系数直方图和权重分析图分别如图 4.26~图 4.37 所示。

从以上得到的偏最小二乘模型可以看出,各个影响因素的回归系数在总体上趋势一致,但不可否认的是,由于采样数据点较少以及各个试验样地的自然差异,每个试验样地对应的预测模型差异较大。因此,为了使净光合速率的预测模型对不同试验样地的适应性更好,模型预测精度更高,本书考虑在偏最小二乘回归分析的基础上,进一步构建林下参净光合速率的自适应神经模糊系统(ANFIS)预测模型。

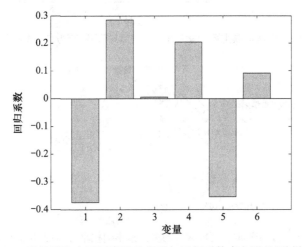

图 4.26　重新选取主要因素后的变量与回归系数直方图(试验样地 1)

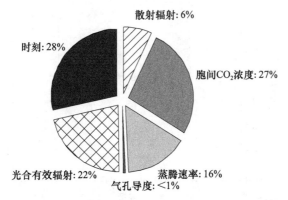

图 4.27　重新选取主要因素后的多因素影响权重分析图(试验样地 1)

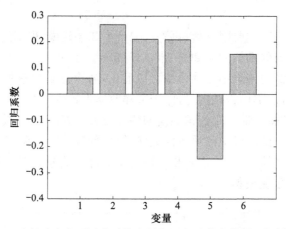

图 4.28　重新选取主要因素后的变量与回归系数直方图(试验样地 2)

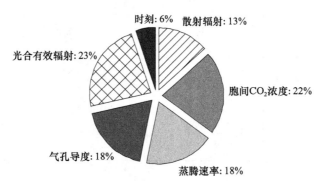

图 4.29　重新选取主要因素后的多因素影响权重分析图(试验样地 2)

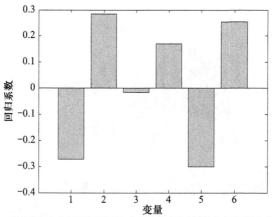

图 4.30　重新选取主要因素后的变量与回归系数直方图(试验样地 3)

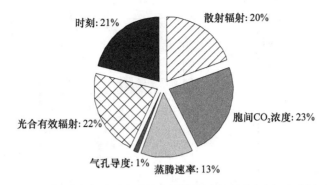

图 4.31　重新选取主要因素后的多因素影响权重分析图（试验样地 3）

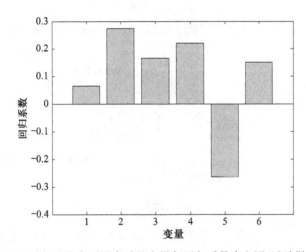

图 4.32　重新选取主要因素后的变量与回归系数直方图（试验样地 4）

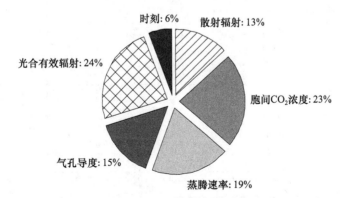

图 4.33　重新选取主要因素后的多因素影响权重分析图（试验样地 4）

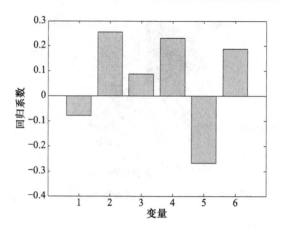

图 4.34　重新选取主要因素后的变量与回归系数直方图(试验样地 5)

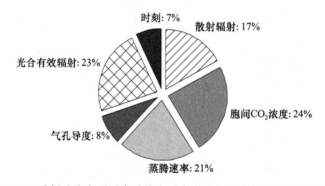

图 4.35　重新选取主要因素后的多因素影响权重分析图(试验样地 5)

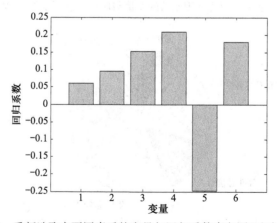

图 4.36　重新选取主要因素后的变量与回归系数直方图(试验样地 6)

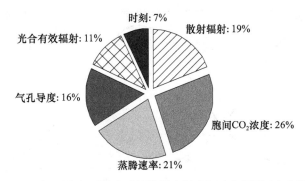

图 4.37　重新选取主要因素后的多因素影响权重分析图(试验样地 6)

4.4.2　基于 ANFIS 的净光合速率预测模型

ANFIS 综合了模糊推理系统不依赖对象建模以及神经网络强大的自学习功能,因此是一种基于机器学习的高效模式识别方法,对研究特性极为复杂的非线性系统有着重要的作用。按照第 3 章介绍的 ANFIS 相关理论,本章确定了如下建模步骤。

1. 试验数据的归一化处理

由于采样数据中的各个变量具有量纲和数量级的差异,所以为了提高分析的准确性,首先应对采样数据进行归一化处理。归一化处理将系统的输入和输出数据处理为[0,1]区间的数值,以利于神经模糊系统进行进一步分析处理。

归一化方法的形式有很多,这里假设采用如下归一化处理公式:

$$y = \frac{x - x_{\min}}{x_{\max} - x_{\min}} \tag{4.35}$$

其中,x 为原始数据;$x_{\min}$ 和 $x_{\max}$ 为数据中的最小值和最大值;y 为数据归一化后的值。

2. 选择训练数据对 ANFIS 进行初始训练

本书选择 6 个试验样地中的 4 个样地数据作为训练数据,同时确定各个输入语言变量的初始隶属度函数,初步选取高斯隶属度函数作为初始隶属度函数,并对每个输入语言变量的输入空间进行平均网格划分,每个语言变量设置 3 个模糊集合。

图 4.38 为输入语言变量的初始隶属度函数曲线。

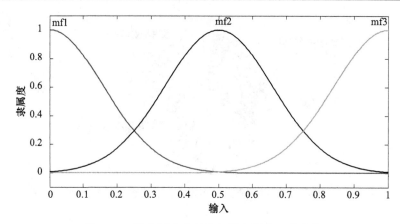

图 4.38　输入语言变量的初始隶属度函数曲线

3. 选择核对数据对 ANFIS 进行检验

通过对训练数据进行自学习,进而选择一定量的核对数据作为自学习后 ANFIS 的校正数据。这样通过训练和校正,原来给定的初始 ANFIS 的结构参数得到了调整和优化,如各个输入语言变量的隶属度函数曲线将会自动优化,如图 4.39 所示。

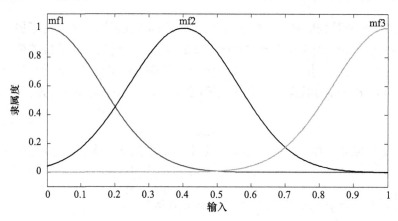

图 4.39　经过训练优化后的隶属度函数曲线

4. 选择测试数据对 ANFIS 进行测试

本书选择剩余的两个试验样地数据作为测试数据,用以验证 ANFIS 的预测精度,如图 4.40 和图 4.41 所示。

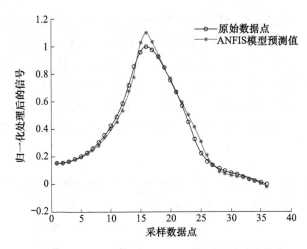

图 4.40　试验样地 1 的 ANFIS 模型预测对比曲线

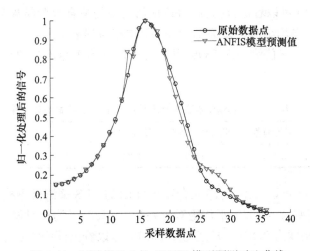

图 4.41　试验样地 2 的 ANFIS 模型预测对比曲线

4.5　模型的检验

　　模型的独立性检验通常是指采用建模时未使用过的相互独立的样本数据,对模型的预测性能进行综合评价,用以确定最佳模型。在模型的独立检验过程中,利用独立的检验样本数据,将以下几种偏差统计量作为评价模型预测能力的指标:平均偏差、平均绝对误差、平均相对误差。

由表4.14可以看出,对冠幅(CW)生长预估模型的拟合检验结果如下:平均偏差为-0.0257,平均绝对误差为0.0917,平均相对误差为-0.0261,模型的预估精度为0.7807,F值为409.3773,可以看出模型的实际值与预估值之间的差异不显著。对冠长(CL)生长预估模型的拟合检验结果如下:平均偏差为0.0651,平均绝对误差为0.1768,平均相对误差为0.0414,模型的预估精度为0.7963,F值为169.8878,可以看出模型的实际值与预估值之间的差异不显著。

表4.14　红松人工林单木冠幅和冠长生长预估模型检验统计结果

变量	平均偏差	平均绝对误差	平均相对误差	预估精度	F值
CW	-0.0257	0.0917	-0.0261	0.7807	409.3773
CL	0.0651	0.1768	0.0414	0.7963	169.8878

由表4.15可以看出,对树高(H)预估模型的拟合检验结果如下:平均偏差为2.0425,平均绝对误差为2.4029,平均相对误差为0.2652,模型的预估精度为0.9193,F值为155.6395,可以看出模型的实际值与预估值之间的差异不显著。

表4.15　红松人工林单木树高基本预估模型检验统计结果

变量	平均偏差	平均绝对误差	平均相对误差	预估精度	F值
H	2.0425	2.4029	0.2652	0.9193	155.6395

由表4.16可以看出,对净光合速率(Pn)的PLS预测模型检验统计结果如下:平均偏差为1.1563,平均绝对误差为1.3582,平均相对误差为0.3575,模型的预估精度为0.8169,F值为69.0013,可以看出模型的实际值与预估值之间的差异不显著。

表4.16　净光合速率的PLS预测模型检验统计结果

变量	平均偏差	平均绝对误差	平均相对误差	预估精度	F值
Pn	1.1563	1.3582	0.3575	0.8169	69.0013

由表4.17可以看出,对林下参净光合速率(Pn)的ANFIS预测模型检验统计结果如下:平均偏差为0.5277,平均绝对误差为0.7058,平均相对误差为0.0635,模型的预估精度为0.9368,F值为100.7918,可以看出模型的实际值

与预估值之间的差异不显著。

表 4.17　林下参净光合速率 ANFIS 预测模型检验统计结果

变量	平均偏差	平均绝对误差	平均相对误差	预估精度	F 值
Pn	0.5277	0.7058	0.0635	0.9368	100.7918

第5章　林下参种植光环境数据采集系统

5.1　引　　言

人参为喜阴植物,对光环境的要求十分严格。除了通过专业仪器设备对林下参种植光环境中的各种光合作用因子和人参生理特性参数进行科学测定,还需要对林下参的光照情况进行实时监测,掌握种植光环境的变化规律及其对人参光生理特性的影响[75-77]。考虑到传统方法通常是在林网生态场用照度仪来检测太阳光照强度等指标,此类方法虽操作简单、灵活,但仪器设备价格较高,不适合在大范围区域同时使用数量过多的设备,且这种检测方法费时费力、重复工作量大,所以此方法推广受到了一定程度的限制。本章针对此种情况,对林下参的实际培育特点进行分析,决定自行设计一套林下参种植光照情况实时监测和采集系统,一方面可以显著降低传统方法的成本;另一方面该系统平台工作可靠、适用范围广、采集精度高,能实现对林下参光照条件等环境参数的实时监测,同时系统软件集成了自行设计的自适应数据处理算法,具有良好的降噪功能,可为林下参种植光环境的预测与评价提供试验数据基础。

5.2　系统的软件体系

本章所设计的林下参光环境数据采集系统的软件体系结构主要包括以下几个方面。

1. 图形用户交互界面

为方便用户使用该数据采集系统,降低操作难度,该系统设计了易用性很强的图形用户交互界面。该交互界面包括以下几个功能区。

1) 光照强度实时监测区

如图 5.1 所示,该实时监测区按照试验样地的个数设置了 6 个监测窗口,窗口内实时显示了各个试验样地的光照强度数据并以图形方式呈现。通过该实时检测区,用户可以非常方便地了解到各个试验样地的光照变化情况。

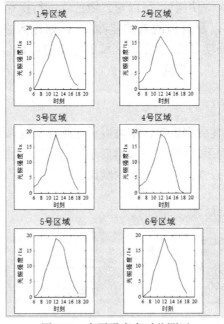

图 5.1　光照强度实时监测区

2) 数据查询区

如图 5.2 所示,该数据查询区可以实现两方面的数据查询,一个是当前的实时数据查询,对应图中的"实时数据"选项;另一个是历史数据查询,对应图中的"历史数据"选项。

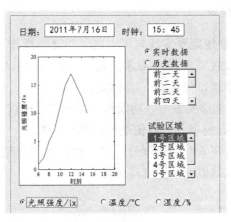

图 5.2　数据查询区

当选择某一项查询功能后,可以对二级选项进行操作,包括选择试验区域编号、历史数据时间以及具体的查询监测项目,如光照强度、温度和湿度等。当选定具体查询监测项目后,会在该区域的左侧窗口内以图形形式呈现。该数据查询区能方便用户对当前的实时数据进行查询,或者对历史数据进行调入查询。

3）数据采集区

如图 5.3 所示,在数据采集区中可以设置采样间隔和采样时间,同时也可以在数据采样过程中手动停止采样,然后手动保存当前时间节点对应的采集数据文件,此外还可以恢复设置参数的默认值。

图 5.3　数据采集区

所涉及的图形用户交互界面如图 5.4～图 5.6 所示。

2. 输入/输出接口

因该数据采集系统既要实现与用户之间的交互操作,又要实现与相关硬件模块的实时通信,故需要设计可靠的输入/输出接口,实现上述功能需求。本系统的输入/输出接口包括以下几个部分。

（1）输入接口:能够实现与各功能传感器的实时通信,将采集的数据接收并发送至 MCU（微控制单元）,以便进行数据预处理。

（2）输出接口:将 MCU 处理过的实时数据或者存储卡中保存的历史数据输送至显示端,以数值或图形方式呈现。

3. 软件底层算法

该数据采集系统本质上是一套电子控制系统,除了前述的输入/输出接口

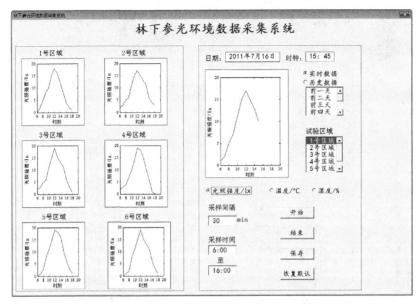

图 5.4　图形用户交互界面(光照强度查询功能)

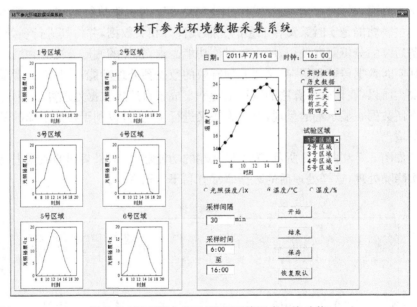

图 5.5　图形用户交互界面(环境温度查询功能)

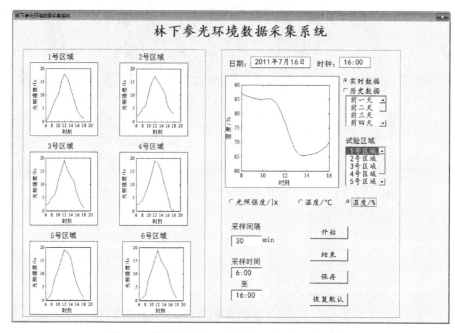

图 5.6　图形用户交互界面(相对湿度查询功能)

和交互界面,必须有一套底层算法以支持 MCU 的相关执行操作。由于该系统的主要功能是实时采集林下参的光照条件等相关数据,并将其进行预处理,以备后续的分析研究使用,所以针对该功能需求,软件的底层算法必须既能够实现实时数据传输和保存,又能实现有效的数据预处理功能,尤其以后者最为重要。所以,在该软件算法的设计上特别集成了自适应数据处理算法,另外为了方便数据在显示端的呈现,对该算法又进行了完善,以利于在显示端的平滑数据输出。

　　如图 5.7 和图 5.8 所示,为了显示端的功能需要,对采集到的数据进行了二次降噪处理,这样处理后的数据非常有利于显示查看。

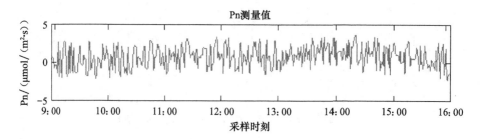

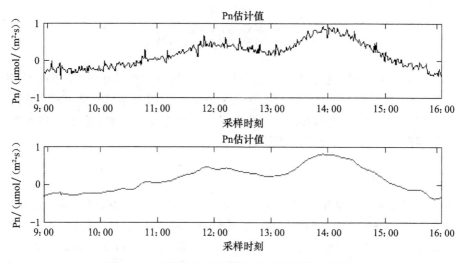

图 5.7　二次降噪处理结果（以净光合速率 Pn 为例）

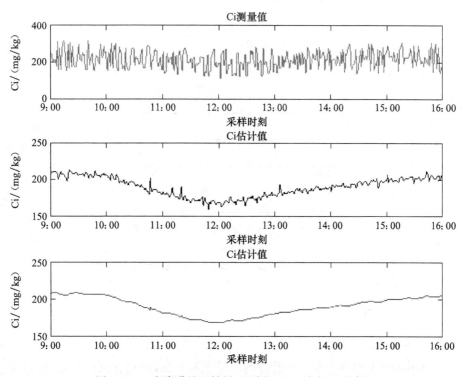

图 5.8　二次降噪处理结果（以胞间 CO_2 浓度 Ci 为例）

5.3　系统的硬件架构

林下参光环境数据采集系统的主要功能是实现对种植环境的光照强度以及温度、湿度等信息的实时监测。为了实现该数据采集系统对光照数据的实时采集和高效处理功能,必须以可靠的硬件作为基础。因此,除了软件体系,本章还设计了如下系统硬件架构。

1. 硬件总体架构

本研究采用了基于 Arduino 的开源平台来实现系统的构建。该平台具有体积小、质量轻、易于拆卸和安装调试等优点,同时该平台价格较低,非常有利于大范围试验区域的整体仪器布置。整个系统主要由 Arduino 主控板、DHT11 温湿度传感器、BMP085 气压传感器、BH1750FVI 光照传感器以及 Micro SD 卡存储模块等部件组成,硬件组成如图 5.9 所示。

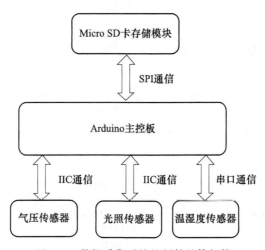

图 5.9　数据采集系统的硬件整体架构

2. 功能模块

1) Arduino 主控平台

Arduino 主控平台是一个开源的电子开发平台,既包含硬件平台,也包含软件,既有开源的硬件设备,也有易用的开发环境(IDE)。Arduino 主控板摒弃了传统硬件开发的复杂操作,用户不需要纠结于寄存器、单片机内部结构、定时器等复杂的概念,也不需要过多学习电路知识和编程知识,这对提高系统的开发效率提供了保证。目前 Arduino 有多种型号的控制器以及很多衍生控制器可供选择。图 5.10 为本书采用的 Arduino 主控板。

图 5.10　本书采用的 Arduino 主控板

2) 温湿度采集模块

林下参种植环境中的温度、湿度条件对人参生长发育至关重要,因此具有对环境温度、湿度数据实时采集功能的温湿度采集模块也尤为重要,本书采用 DHT11 温湿度传感器(图 5.11)作为该模块的核心部件,该芯片是一款含有已校准数字信号输出的温湿度复合传感器,应用专用的数字模块采集技术和温湿度传感技术,具有较高的可靠性与长期稳定性。传感器组成包括一个电阻式感湿元件和一个 NTC 测温元件,并与一个高性能八位单片机相连,响应速度快、抗干扰能力强。

图 5.11　DHT11 温湿度传感器

　　该温湿度采集模块是利用湿敏元件的电气特性进行数据采集的。湿敏元件一般在绝缘物上浸渍吸湿性物质,或通过涂覆、蒸发等工艺制作,用金属、半导体、粉末状颗粒和高分子薄膜制作。在湿敏元件的吸湿及脱湿过程中,水分子分解出 H^+,随着 H^+ 的传导状态发生变化,元件的电阻值随湿度而发生变化。热敏电阻器以锰、钴、镍及铜等金属氧化物为主要材料,并采用陶瓷工艺制造而成。这些金属氧化物材料都具有半导体性质,在导电方式上完全类似于锗、硅等半导体材料。温度降低时,随着这些金属氧化物材料的载流子(电子和孔穴)数目减少,其电阻值升高;随着温度的升高,载流子数目增加,电阻值随之降低。图 5.12 为传感器的电路原理图,表 5.1 为传感器的主要参数。

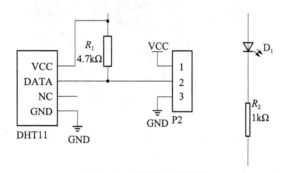

图 5.12　DHT11 原理图

表 5.1　温湿度传感器主要参数

参数	条件	min	typ	max	单位
	湿度				
分辨率		1	1	1	%RH
			8		bit
重复性			±1		%RH
精度	25℃		±4		%RH
	0~50℃			±5	%RH
互换性		可完全互换			
量程	0℃	30		90	%RH
	25℃	20		90	%RH
	50℃	20		80	%RH
响应时间	1/e(63%) 25℃,1m/s 空气	6	10	15	s
迟滞			±1		%RH
长期稳定性			±1		%RH/年

续表

参数	条件	min	typ	max	单位
温度					
分辨率		1	1	1	℃
		8	8	8	bit
重复性			±1		℃
精度		±1		±2	℃
量程		0		50	℃
响应时间	1/e(63%)	6		30	s

该 DHT11 温湿度传感器与主控板的数字输入/输出接口相连,当主控板发送一次开始信号,DHT11 从低功耗模式即刻转换到高速模式,直到主控板开始信号结束后,DHT11 发送响应信号,送出 40bit 的数据,并触发一次信号采集,此时用户可以选择读取部分数据。从该模式下,DHT11 接收到开始信号则触发一次温湿度采集操作,若没有接收到开始信号,DHT11 不会主动进行温湿度采集,采集数据后即刻转换到低速模式,其通信过程如图 5.13 所示。

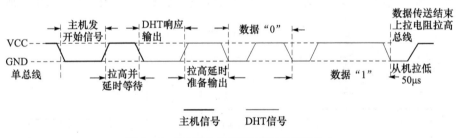

图 5.13　DHT11 温湿度传感器通信方式

3）气压采集模块

采集林下参生长环境的大气压力数据,可以通过技术手段间接获得试验区域的海拔信息以及空气中水汽压力数值,这些数据对林下参气孔导度日变化具有显著影响。本系统的压力采集模块采用 BMP085 气压传感器作为其核心部件。该 BMP085 气压传感器可以实现对大气压力的实时测量,同时该传感器具有 IIC 接口,可以很方便地实现与单片机的通信,传感器具有 0.03hPa(百帕)的测量精度,测量范围为 300~1100hPa。

图 5.14 为 BMP085 气压传感器,它包含电阻式压力传感器、A/D 转换器(ADC)和控制单元。其中控制单元包括 EEPROM 和 IIC 接口,EEPPRM 中

存储了176位单独校准数据,这些数据能够对测量到的压力值进行补偿。

图 5.14　BMP085 气压传感器

　　图 5.15 为 BMP085 气压传感器原理图,它采用 IIC 通信方式,这是一种多向控制总线,多个芯片可以连接到同一总线结构下,同时每个芯片都可以作为实时数据传输的控制源,此种方式简化了信号传输总线接口。IIC 串行总线一般有两根信号线,一根是双向的数据线 SDA,另一根是时钟线 SCL。所

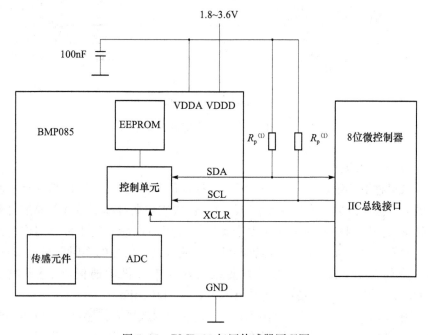

图 5.15　BMP085 气压传感器原理图

有接到 IIC 总线设备上的串行数据 SDA 都接到总线的 SDA 上,各设备的时钟线 SCL 接到总线的 SCL 上。该传感器的"读取"和"发送"控制命令时序图如图 5.16 所示。

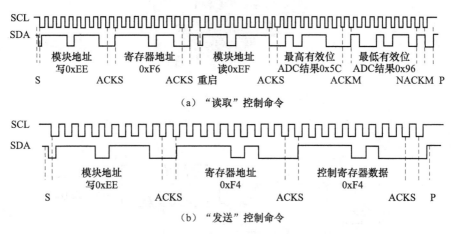

（a）"读取"控制命令

（b）"发送"控制命令

图 5.16　BMP085 气压传感器数据传输时序图

4）光照强度采集模块

该模块采集光照强度的实时数据,可以分析得到不同的光强区对林下参光生理特性的影响程度,本系统的光照强度采集模块采用 BH1750FVI 光照传感器作为其核心部件。它是一种用于两线式串行总线接口的数字型光强度传感器,该传感器具有探测范围广（1～65535lx）、分辨率高、能耗低、光源依赖性小等优点,并且支持 IIC 总线接口。

传统的测光系统大多采用光电三极管或者光电池来测量,但这些系统中需使用到信号放大电路以及 A/D 转换电路等信号处理电路,导致系统的设计复杂度较高。同时,高级的测光系统还需要设计多档放大电路来实现大量程测光,大大增加了测光系统的能耗和成本,降低了系统的灵活性,而且传统的测光系统非常容易受到红外线和紫外线灯非可见光的干扰。

相对于传统的测光系统,本书中所采用的 BH1750FVI 传感器不存在上述弊端,大大降低了整个系统的设计复杂度,提高了系统的使用灵活性和适应性。BH1750FVI 光照传感器原理图如图 5.17 所示。

BH1750FVI 光照传感器同样采用了 IIC 通信方式,其通信时序图如图 5.18 所示。

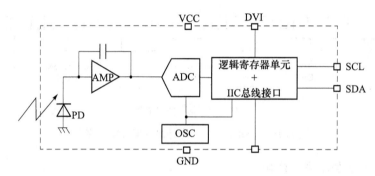

图 5.17　BH1750FVI 光照传感器原理图

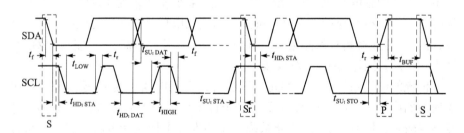

图 5.18　BH1750FVI 光照传感器通信时序图

5）数据存储模块

实现对林下参光环境因子的实时测量固然重要，但是对数据的及时处理和存储更为重要，这对以后的数据挖掘工作提供了坚实而有价值的数据基础。本系统的数据存储模块采用 Micro SD 卡读写模块，可完成 Micro SD 卡内的文件进行读写操作，实现对各传感器所获取的信息进行存储的功能。该模块可以通过文件系统及 SPI 接口驱动。在 Arduino 控制平台中，用户直接使用

Arduino IDE 自带的 Micro SD 卡程序库即可完成卡的初始化和读写。图 5.19 为该 Micro SD 卡存储模块实物图,图 5.20 为该模块工作原理图。

图 5.19　Micro SD 卡存储模块

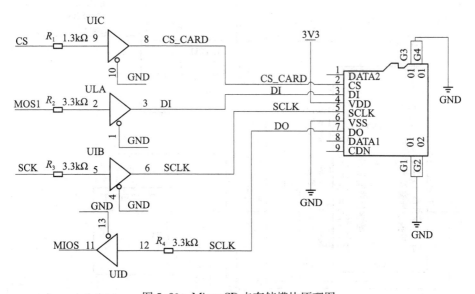

图 5.20　Micro SD 卡存储模块原理图

　　该数据存储模块采用了 SPI 通信方式,即串行外设接口总线系统,它是一种同步串行外设接口,可以使 MCU 与各种外围设备以串行方式进行通信以交换信息。SPI 有三个寄存器,分别为:控制寄存器 SPCR、状态寄存器 SPSR 和数据寄存器 SPDR。SPI 为全双工通信,数据传输速度总体比 IIC 总线要快,速度可达到每秒几兆比特,其通信时序图如图 5.21 所示。

　　整套数据采集系统的硬件连接示意图如图 5.22 所示。

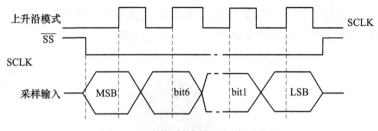

图 5.21　数据存储模块通信时序图

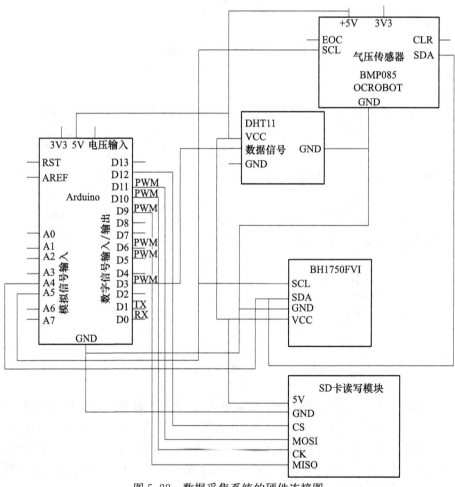

图 5.22　数据采集系统的硬件连接图

第6章 林下参种植光环境预测及评价方法研究

6.1 引　言

人参在其自身的生长发育过程中形成了对遮阴、冷凉、湿润气候的适应性,对于林下参,环境因素中的地理、气候、植被、坡度和坡向、土壤等条件的变化都会对其生理特性和形态特征产生显著影响,尤其是林下种植的光环境(太阳辐射环境和光合作用因子)对林下参光生理特征的影响最为复杂[78-80]。可见,要想对林下参生长的光环境进行有效预测和评价,除了要考虑地域特征所带来的影响,还需对各种林下太阳辐射因子和光合作用因子进行综合分析[81-85]。

基于以上分析和前述研究内容,本章设计开发一套林下参种植光环境预测及评价系统,该系统集成了林下参遮阴屏障——树木的生长模型预测算法,以及衡量人参光合效率的重要指标——净光合速率的 ANFIS 模型预测算法,能够根据给定的林下参生长的地域特征,对树木因子进行模型预测;在此基础上,综合测定得到林下参光合生理因子和光照辐射因子,对林下参的净光合速率进行有效预测;进而在综合分析现有各方数据的基础上,对基于林下参种植光环境的地域栽培适宜性作出评价。

6.2 林下参种植光环境预测与评价方法

6.2.1 林下参种植光环境的预测

通过前述内容的分析和研究,本系统对林下参种植光环境的预测主要包括两个方面的内容。

1) 树木生长模型的预测

根据对林分因子的采样数据,本系统可以实现对树木的冠长、冠幅和树高的预测,利用其预测结果,再通过对历史数据进行查询和对比分析,可以获得林木的竞争指数以及树木投影面积等重要数据,这为进一步分析林下参的光照条件奠定了一定基础。

2) 净光合速率模型的预测

根据对林下参种植环境的太阳辐射因子和光合作用因子的采样,本系统可以实现对林下参净光合速率的预测,利用其预测结果,再通过与林下参种植环境的地理条件、气候条件和植被条件相结合,可为林下参种植光环境的地域栽培适宜性评价奠定基础。

6.2.2 林下参种植光环境的评价

在对林下参种植光环境进行预测的基础上,通过掌握的地理条件、气候条件和植被条件等各方面的历史数据,可以实现对林下参光环境的地域栽培适宜性进行综合评价[86,87]。由于林下参种植光环境的栽培适宜性是一个相对模糊的概念,为了更好地刻画这种从适宜到不适宜的过渡情形,本章决定采用模糊推理系统对其进行描述。由于模糊集合理论把普通的二值逻辑推广到 0 和 1 之间的所有实数,所以非常适合描述各种自然条件因素对林下参高产栽培的满足程度。

6.2.3 基于模糊推理系统的光环境综合评价模型

1. 林下参栽培的生态条件适宜性分析

1) 林下参生长的自然条件适宜性分析

(1) 地理条件。人参属温带植物,在我国自然生长分布的地理位置位于东经 117°~137°,北纬 40°~48°,海拔 240~1500m,坡度 15°~45°为宜,坡度太小不利于排水,保苗差,坡度太大易干旱,不利于林下参生长。坡向以东坡、东南坡、东北坡及北坡较好,其他坡向视土质及林相条件好的也可选择。种植时应选择在山坡的山腰间种植,山坡的顶部易干旱及山脚下易积水均不宜种植。

(2) 气候条件。夏季温暖湿润利于人参生长,冬季寒冷积雪可保证林下参低温休眠和安全越冬。年平均温度 1~7.5℃,一月平均气温 -18~11℃,七八月平均气温 20~23.5℃,≥10℃有效积温为 1300~2400℃,年降水量为 500~1000mm,相对湿度为 40%~80%,无霜期为 90~150 天。

(3) 植被条件。人参在生长期内需自然遮阴,一般选择天然针阔混交林,树龄在 20 年以上,树高 20~30m,高大的乔木作为林下参的第一层遮阴屏障。在其林冠下常伴有棒子、刺五加、胡枝子、桑树等小灌木及山葡萄、五味子等藤本植物形成的第二层遮阴屏障。最下层生长有蕨类、升麻、天南星、玉竹等形成的第三层遮阴屏障。多层遮阴满足了林下参对散射光的需求。林间郁闭度在 0.6～0.8,透光率在 20% 左右为宜。

综上所述,林下参生长的适宜自然条件可概括如表 6.1 所示。

表 6.1　林下参生长适宜自然条件

自然条件	主要指标范围
地理条件	东经 117°～137° 北纬 40°～48° 海拔 240～1500m 坡度 15°～45° 东坡、东南坡、东北坡及北坡
气候条件	年平均温度 1～7.5℃ 一月平均气温 −18～11℃ 七八月平均气温 20～23.5℃ ≥10℃有效积温为 1300～2400℃ 年降水量为 500～1000mm 相对湿度为 40%～80% 无霜期为 90～150 天
植被条件	需有自然遮阴屏障,常选择天然针阔混交林 树龄在 20 年以上,树高 20～30m 林分郁闭度在 0.6～0.8 透光率在 20% 左右为宜

2) 林下参生长的光照条件适宜性分析

林内光照条件与林下参生长的关系极为密切,对人参叶片的碳同化作用和光合效率有着显著的影响[88,89]。通过前期对落叶松林下参生长的生态因子进行分析研究表明:一般林内光照在中等条件下,即相对光照在 10%～35%,此时林分郁闭度为 0.6～0.8,在该条件下林下参各项生理活动旺盛,净光合作用强度和参根产量都较高。林下参生长的适宜光照条件可概括如表 6.2 所示。

表 6.2　林下参生长适宜光照条件

光照条件	主要指标范围
光照强度	相对光照 10%～35% 林下参叶片的光饱和点为 80～150μmol/(m²·s) 光补偿点为 3～6μmol/(m²·s) 林下散射辐射日累计值 109.45～202.27W/m² 净光合速率最大为 1.6μmol/(m²·s),一般<1μmol/(m²·s)
光合作用因子	光合效率在弱光区好于强光区 林下光斑持续时间增多,光合碳同化作用增强,光合效率下降 气孔导度 0～85mmol/(m²·s) 蒸腾速率 0～0.4μmol/(m²·s)

2. 基于 FIS 的林下参光环境综合评价模型构建

1) FIS 的理论基础

模糊推理系统(FIS)的核心是完成模糊推理功能,即通过模糊逻辑的方法将一个给定的输入空间映射到一个特定的输出空间的计算过程。这类映射涉及模糊逻辑计算、模糊规则制定及隶属度函数设计等内容。图 6.1 为模糊推理系统结构框图。

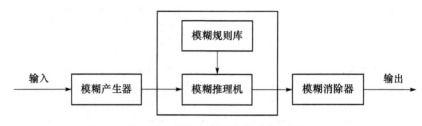

图 6.1　模糊推理系统的功能框图

模糊推理系统在功能实现时分为五个过程[90-92]:

(1) 输入变量的模糊化处理。建立模糊推理系统的第一步是将实际问题输入模糊化,也就是选择系统的输入变量,并根据相应的隶属度函数确定这些输入应分别归属于哪些恰当的模糊集合。

(2) 模糊关系的运算。如果输入已经被模糊化,就可以知道这些输入是否满足相应的模糊推理规则及满足的程度如何。但若给定的模糊规则的条件并不是单一输入,而是多输入,这时就需要运用模糊合成运算将这些多输入进行综合分析。任何一种完善合理的模糊合成方法都可以用 AND 和 OR 操作来实现,AND 操作方法通常有两种,即最小法(min)和乘积法(prod);OR 操作方法也常采用两种,即最大法(max)和概率法(probor)。

(3) 模糊蕴含计算。该计算过程的输入是由输入集合的合成运算得到的单一数值以及模糊集合,输出是根据模糊规则而推导的结论模糊集合。

(4) 输出的合成。该合成过程就是对所有按模糊规则输出的模糊集合进行综合的过程。对每个输出变量仅能得到一个模糊输出集合。对每一个输出变量,合成只进行一次。合成的方法与顺序无关,各条规则结果的合成顺序并不影响结果。通常采用的合成方法有以下几个:最大值法(max)、求和法(sum)以及概率法(probor)。

(5) 逆模糊化。其输入是模糊集合,输出是一个数值。每一个变量的输出结果通常要求是一个确定的数值。而经过模糊推理后得到的是输出量的某一范围内的隶属度函数,因此必须要进行去模糊化以便将输出量变为确定的值。通常选择的模糊化方法有:面积平分法(bisector)、面积重心法(centroid)、平均最大隶属度法(MOM)、最大隶属度中的取最大值法(LOM)及最大隶属度中的取最小值法(SOM)。

2) 光环境模糊推理系统的设计

通过林下参种植光环境生态适宜性的分析,确定了如图 6.2 所示的光环境综合评价推理系统的结构框图。该模糊推理系统采用 Takagi-Sugeno 型(简称 T-S 型)推理方法进行构建,相比 IF-THEN 型推理方法,T-S 型推理系统计算效率更高,有利于数学分析及进行结构优化。该光环境评价系统包括地理条件评价子系统、气候条件评价子系统、植被条件评价子系统和生态条件评价子系统四个部分,其中地理条件评价子系统、气候条件评价子系统和植被条件评价子系统分别对地理条件、气候条件和植被条件的适宜性给出评价输出,这三项输出结果又作为生态条件评价子系统的论域输入,最终通过该子系统计算输出最终的评价结果。

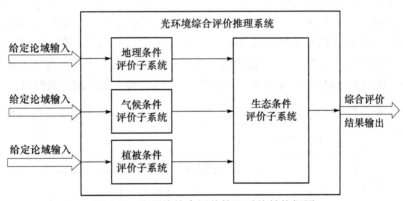

图 6.2　光环境综合评价推理系统结构框图

按照该光环境综合评价推理系统的组成结构,分别对各个评价子系统的输入语言变量和隶属度函数进行了如下设计。

(1) 地理条件评价子系统的设计。

该系统选择以林下参种植区域所处的经度、纬度、海拔、坡度和坡向作为其输入语言变量,隶属度函数选择钟形函数,子系统输出为地理适宜性评价指数。

(2) 气候条件评价子系统的设计。

该系统选择以林下参种植区域的年均温度、冬季温度、夏季温度、10℃以上积温、年降水量、相对湿度和无霜期天数作为其输入语言变量,隶属度函数选择钟形函数,子系统输出为气候适宜性评价指数。

（3）植被条件评价子系统的设计。

该系统选择以林下参种植区域树木因子中的树高、茎下高、半冠幅、胸径、林分郁闭度、透光率和人参净光合速率作为其输入语言变量,隶属度函数选择钟形函数,子系统输出为植被适宜性评价指数。

根据对林下参栽培的生态条件适宜性分析结果,对每个子系统的输入语言变量论域进行了合理选取,在设计每一级的评价结果时采用综合评价指数 $\bar{\mu}$,其数学表达式如下:

$$\bar{\mu} = \sum_{i=1}^{j} \mu_i(x) Q_i \tag{6.1}$$

其中,$\bar{\mu}$ 为综合评价指数,$\mu_i(x)$ 为第 i 个隶属度函数值,Q_i 为权重系数。

根据综合评价指数 $\bar{\mu}$ 的输出结果,对其进行了划分,$\bar{\mu} \in [0, 0.2]$ 时为林下参生长不适宜区,$\bar{\mu} \in (0.2, 0.6]$ 为林下参生长较适宜区,$\bar{\mu} \in (0.6, 1]$ 为林下参生长适宜区。

图 6.3 为地理条件评价子系统的 FIS 模型,该模型由 5 个输入、1 个输出和 6 条模糊规则组成。图 6.4 为气候条件评价子系统的 FIS 模型,该模型由 7 个输入、1 个输出和 8 条模糊规则组成。图 6.5 为植被条件评价子系统的 FIS 模型,该模型由 3 个输入、1 个输出和 4 条模糊规则组成。图 6.6 为生态条件评价子系统的 FIS 模型,该模型由 3 个输入、1 个输出和 5 条模糊规则组成。

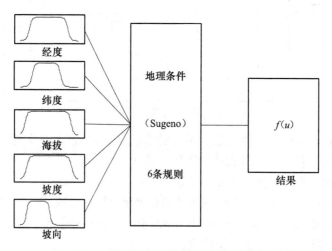

图 6.3　地理条件评价子系统 FIS 模型

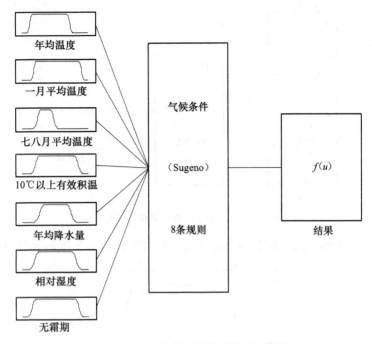

图 6.4   气候条件评价子系统 FIS 模型

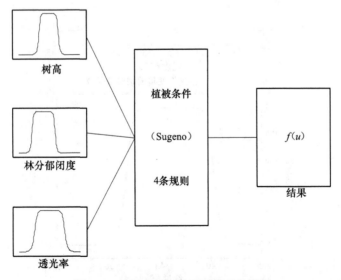

图 6.5   植被条件评价子系统 FIS 模型

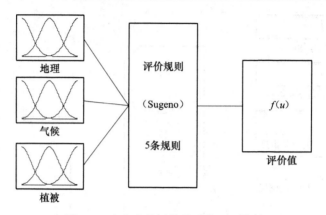

图 6.6　生态条件评价子系统 FIS 模型

图 6.7 为地理条件评价子系统的各个语言变量的隶属度函数曲线。

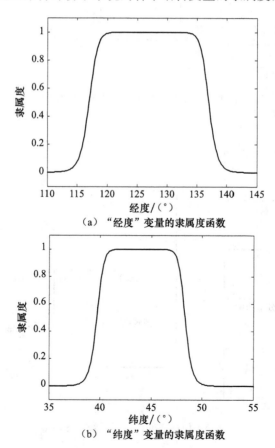

（a）"经度"变量的隶属度函数

（b）"纬度"变量的隶属度函数

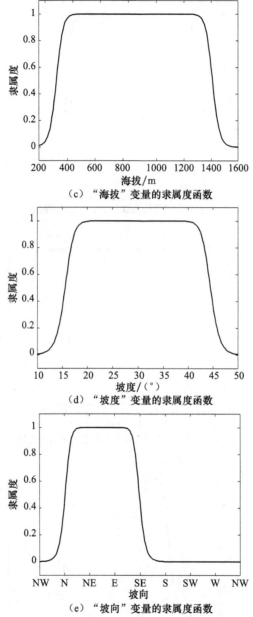

（c）"海拔"变量的隶属度函数

（d）"坡度"变量的隶属度函数

（e）"坡向"变量的隶属度函数

图 6.7　地理条件评价子系统的各个隶属度函数曲线

　　图 6.8 为气候条件评价子系统的各个语言变量的隶属度函数曲线。图 6.9 为植被条件评价子系统的各个语言变量的隶属度函数曲线。

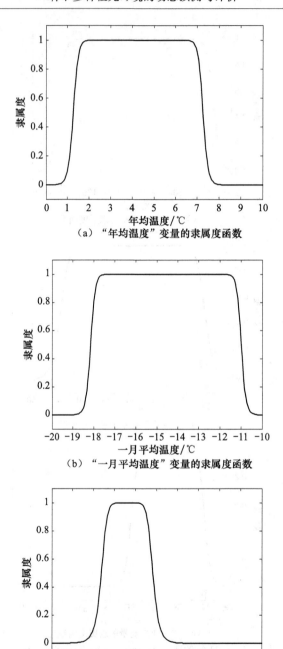

（a）"年均温度"变量的隶属度函数

（b）"一月平均温度"变量的隶属度函数

（c）"七八月平均温度"变量的隶属度函数

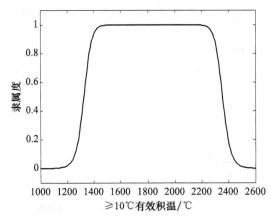

（d）"≥10℃有效积温"变量的隶属度函数

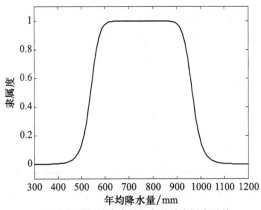

（e）"年均降水量"变量的隶属度函数

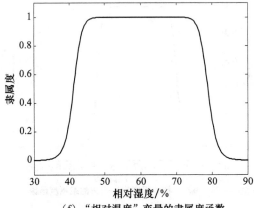

（f）"相对湿度"变量的隶属度函数

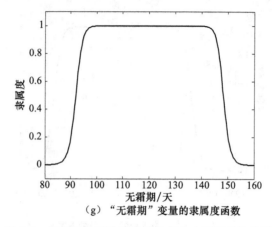

（g）"无霜期"变量的隶属度函数

图 6.8　气候条件评价子系统的各个隶属度函数曲线

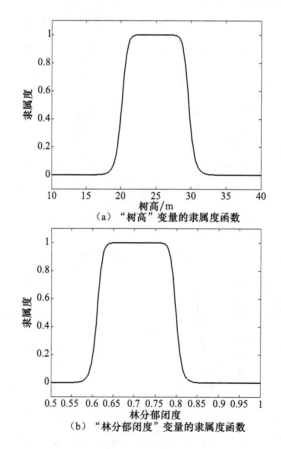

（a）"树高"变量的隶属度函数

（b）"林分郁闭度"变量的隶属度函数

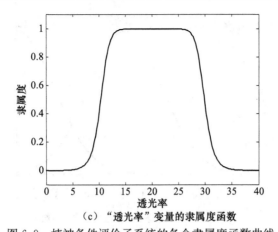

（c）"透光率"变量的隶属度函数

图 6.9 植被条件评价子系统的各个隶属度函数曲线

图 6.10 为生态条件评价子系统的各个语言变量的隶属度函数曲线。

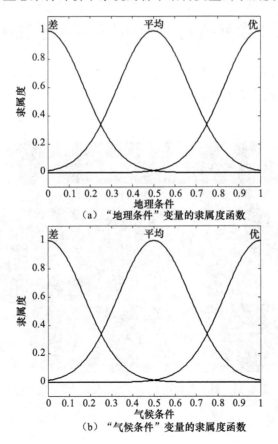

（a）"地理条件"变量的隶属度函数

（b）"气候条件"变量的隶属度函数

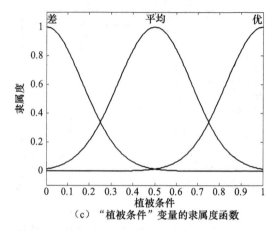

（c）"植被条件"变量的隶属度函数

图 6.10　生态条件评价子系统的各个隶属度函数曲线

6.3　林下参种植光环境预测与评价系统体系结构

　　林下参种植光环境的预测与评价系统的主界面包括预测、评价、帮助和退出四个模块，系统主界面如图 6.11 所示。

图 6.11　林下参种植光环境预测及评价系统主界面

6.3.1　预测模块

光环境预测模块包括两部分内容：单株数目生长预测模型及净光合速率预测模型。

1）单株数目生长预测模型

（1）红松单木基本树高预测模型如图 6.12 所示。

（2）红松冠幅生长预测模型如图 6.13 所示。

图 6.12　红松单木基本树高预测模型　　　图 6.13　红松冠幅生长预测模型

（3）红松冠长生长预测模型如图 6.14 所示。

2）净光合速率预测模型

净光合速率预测模型如图 6.15 所示。

6.3.2　评价模块

光环境评价模块包括两部分内容：第一部分通过影响因素数据的输入，可以得到单株坡面投影边界模型；第二部分可得到该区域是否适合林下参种植的评价等级，粗略地分成 3 个林下参种植适宜程度不同的等级，分别为适宜、较适宜和不适宜，界面如图 6.16 所示。

图 6.14　红松冠长生长预测模型

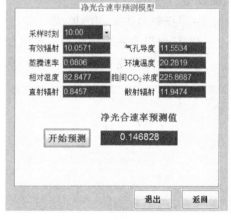

图 6.15　净光合速率预测模型

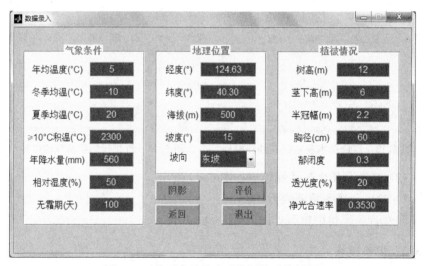

图 6.16　林下参种植光环境评价系统界面

　　其中,气象条件因素包括年均温度、冬季均温、夏季均温、≥10℃积温、年均降水量、相对湿度和无霜期(天数);地理位置因素包括经纬度、海拔、坡度及坡向;植被情况因素包括树高、茎下高、半冠幅、胸径、林分郁闭度、透光率及净光合速率。

1. 建立树冠投影边界模型

树冠投影边界模型的建立,首先使地面上林冠遮阴程度变化的可视化成为可能,也可为遮阴面积、树冠投影重叠面积、遮阴时间的计算提供方便。更重要的是,投影边界模型建立后,提供确定遮阴影响范围的数学方法,从而更确切地讨论某固定点或植株受到周围邻体的遮光强度,即为光生态场和邻体遮光干扰及相关生态问题的讨论提供数学模型的支持。树冠坡面投影边界模型的构建如下。

1) 模型的理论基础[93-96]

太阳的视运动是指太阳相对地球上观察者的运动,它是最直观、最重要的天体运行现象,决定了太阳辐射的时空分布规律。太阳的视运动分为两种情形,即"周日视运动"和"周年视运动"。太阳的周年视运动是由地球的公转引起的。由于地球自转使人们看到太阳的运动,在天文学上称为"太阳的周日视运动",这实质上是由地球自转引起的一种视觉效果。为了更好理解太阳的周日视运动,首先引入天球的概念。"天球"仅是一个假想的"球面",所有天体的投影都分布在这个圆球的内表面,而观测者总是处于圆球的中心(图 6.17)。由于地球自西向东自转,所以地面上的观测者在一天之中看到的天体在天球上自东向西沿着与转轴垂直的平面内的小圆转过一周,即太阳每天的东升西落现象。

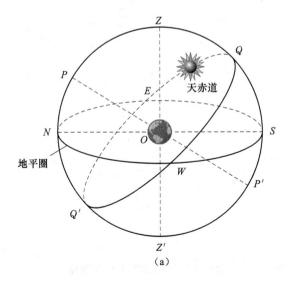

(a)

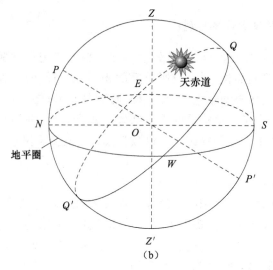

(b)

图 6.17　天球示意图

太阳的周年视运动存在一定的规律(图 6.18)。每年"春分"时,太阳从正东方向升起,正西方向落下,昼夜相等。在"春分"以后,太阳每天升起的方向逐渐从正东向东偏北方向移动,而落下的方向逐渐从正西向西偏北方向移动。到"夏至"时偏北到最大限度。自"夏至"以后,太阳逐渐"退回"到"秋分"时,又

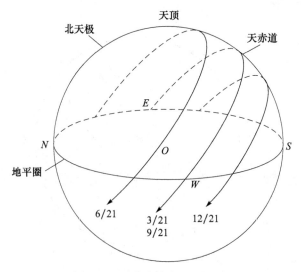

图 6.18　太阳周年视运动变化

从正东升起,正西落下。"秋分"以后,太阳升起和落下的方向便向南偏移,到"冬至"时偏南达到最大限度。"冬至"后,太阳又逐渐向北"退回",直至"春分"时再次从正东升起,正西落下。太阳东升西落在一年中这种"南来北回"的变化,称为太阳的周年视运动。而且一天当中,太阳的运动轨迹并不是在与观察者所在地平面正交的平面上,而是有一定的倾角,这个倾角与观察者所在的纬度有关。

固定在天球上的任一点的周日视路径,是在与自转轴正交平面上的一个圆。在北半球,太阳的周日运动是自东向西的顺时针方向。现以 6 月 21 日至 9 月 21 日某日的太阳周日视运动为例,介绍描述任意时刻太阳视位置的两个重要角度——高度角 h_S 和方位角 A_S 以及与计算这两个量有关的一些参数概念。

图 6.19 中,φ 表示观察者所在地的纬度。当 φ 变化时,天赤道及赤纬圈所在的平面与地平面的夹角大小也将发生变化,也就是说,地球上不同纬度的地方,一天当中太阳的视运动轨迹是不相同的。北半球的夏半年,观察者看到太阳从东北升起,西北落下;在赤道上,观察者看到太阳都是从正东升起而从正西落下。

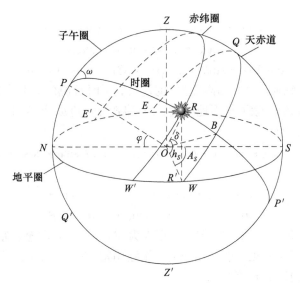

图 6.19　北半球太阳周日视运动示意图

如图 6.19 所示,过 R 点的时圈与天赤道相交于 B 点,圆弧 RB 为 R 点的赤纬 δ,它也可以用平面角 $\angle ROB$ 来度量。公转引起的太阳赤纬在周年视运动中只能在南北纬 23°26′之间回归变化,一年按 365 天计算,则太阳的赤纬在周日视运动中变化很小(最大不超过 0.5°),可以认为由地球自转引起的太阳视运动在一天中赤纬是基本不变的。但对于地球表面某一地点,每天的太阳视运动沿不同的赤纬圈进行,即太阳所在赤纬 δ 因日期的不同而有变化,这一变化是不可忽略的。

时圈与子午圈的角距离,即时角 ω 表示 R 点的赤经,$\omega \in [-180°, 180°]$。时角 ω 可用如下公式进行计算:

$$\omega = 真太阳时(h) \times 15 - 180$$

其中,ω 的单位为度,15 表示每小时相当于 15°时角。

观测点 O 与 R 点太阳连线 OR 与观测点 O 所在地平面的夹角 h_S($\angle ROR'$)为太阳高度角,简称太阳高度。OR 在水平面上的投影线 OR' 与正南方向即 OS 的夹角 A_S 称为太阳方位角。

从图 6.19 可以清楚地看出,对纬度为 φ 的地区,某时刻太阳的位置可通过其所在的赤纬圈和赤经圈来确定,于是天文学上为了更加明确地描述太阳的视位置,采用了两个更加直观的参数——太阳高度角 h_S 与方位角 A_S,两者与观测者所在地纬度 φ、赤纬 δ 与时角 ω 是密切相关的,具体的表达方式如下:

$$\sin h_S = \sin\varphi \cdot \sin\delta + \cos\varphi \cdot \cos\delta \cdot \cos\omega$$
$$\sin A_S = \cos\delta \cdot \sin\omega / \cos h_S$$
$$\cos A_S = (\sin h_S \cdot \sin\varphi - \sin\delta)/(\cos h_S \cdot \cos\varphi)$$

其中,h_S 为水平地面上太阳高度角,也是人们平时常说的太阳高度,而在坡地上的太阳高度角 h_S' 除了与当地纬度 φ、赤纬 δ 与时角 ω 密切相关,还与坡度 β 和坡向 α 有关,即

$$\sin h_S' = u \cdot \sin\delta + v \cdot \cos\delta \cdot \cos\omega + \sin\beta \cdot \sin\alpha \cdot \cos\delta \cdot \sin\omega$$

其中

$$u = \sin\varphi \cdot \cos\alpha - \cos\varphi \cdot \sin\alpha \cdot \cos\beta$$
$$v = \cos\varphi \cdot \cos\alpha + \sin\varphi \cdot \sin\alpha \cdot \cos\beta$$

以上 $h_S \in [0°, 90°]$,$A_S \in [0°, 360°]$,正南为 0°,顺时针方向至正东为 270°。

日出、日落时间根据时角 ω 确定,当太阳高度角 $h_S = 0$时,求得时角 ω,其对应的时间即日出、日落时间。

$$\sin\varphi \cdot \sin\delta + \cos\varphi \cdot \cos\delta \cdot \cos\omega = 0$$

其中,$\omega = \arccos(\tan\varphi \cdot \tan\delta)$。

可见,水平面日出、日落时间与位置和日期有关。求得 ω_1、ω_2 后,可求日

出、日落时间 t_1、t_2。

坡地上的日照时间与坡向、坡度、纬度及太阳赤纬均有关。

(1) 没有地形遮蔽情况下,海拔 h_t 处的日出和日落时角(即山顶)。

设 $-\omega_h$ 和 ω_h 为在没有地形遮蔽情况下海拔 h_t 处的日出和日落时角,则

$$\omega_h = \arccos(\tan\varphi \cdot \tan\delta - 0.0177\sqrt{h_t} \cdot \sec\varphi \cdot \sec\delta)$$

当 $h_t < 1000\text{m}$ 时,$\omega_h \approx \arccos(-\tan\varphi \cdot \tan\delta) = \omega_0$,$\omega_0$ 为海平面日出、日落时角,其他参数同前。

(2) 坡地上的日出、日落时角。

对于任意坡向为 β、坡度为 α 的斜坡,以坡地上直达太阳辐射通量 $S_{\beta a} \geqslant 0$ 作为坡地可能受到太阳照射的必要条件,以 $S_{\beta a} = 0$ 时的 ω_S 作为 $S_{\beta a}$ 由正变负的临界角:

$$\omega_S = \arccos\left[\frac{-uv\tan\delta \pm \sin\beta \cdot \sin\alpha\sqrt{1-u^2(1+\tan^2\delta)}}{1-u^2}\right]$$

$$\omega_S = \arcsin\left[\frac{-u\sin\beta \cdot \sin\alpha \cdot \tan\delta \mp v\sqrt{1-u^2(1+\tan^2\delta)}}{1-u^2}\right]$$

其中,第一个公式确定两根的绝对值;第二个公式决定根的符号。设 ω_S 的两根分别为 ω_{S1} 和 ω_{S2},且 $\omega_{S2} > \omega_{S1}$,则因坡地上受到太阳直射必须满足 $S_{\beta a} \geqslant 0$,坡地上的日出时角 ω_1 和日落时角 ω_2 遵循以下规则。

① 若当 $\omega_{S1} \leqslant \omega \leqslant \omega_{S2}$ 时,$S_{\beta a} \geqslant 0$,则坡地日出的时角 $\omega_1 = \min\{\omega_{S1}, -|\omega_h|\}$,而日落时角 $\omega_2 = \min\{\omega_{S2}, |\omega_h|\}$。

② 若当 $\omega < \omega_{S1}$ 与 $\omega > \omega_{S2}$ 时,$S_{\beta a} > 0$,则:

若 $|\omega_{S1}| < |\omega_h|$ 且 $|\omega_{S2}| < |\omega_h|$,则 ω_1、ω_2 有两组解,一组是 $\omega_1' = -|\omega_h|$,$\omega_2' = \omega_{S1}$;另一组是 $\omega_1'' = \omega_{S2}$,$\omega_2'' = |\omega_h|$,这表示坡地上每天各有两次日出、日落。

若 $\omega_{S1} > -|\omega_h|$,$\omega_{S2} \geqslant |\omega_h|$,则 $\omega_1 = -|\omega_h|$,$\omega_2 = \omega_{S1}$;若 $\omega_{S1} \leqslant -|\omega_h|$,$\omega_{S2} < |\omega_h|$,则 $\omega_1 = \omega_{S2}$,$\omega_2 = |\omega_h|$。

若 $\omega_{S1} < -|\omega_h|$,$\omega_{S2} \geqslant |\omega_h|$,则 ω_1、ω_2 不存在或日出、日落时间正好重合。在这种情况下,坡地上实际全天得不到太阳直射辐射。

求得 ω_1、ω_2 后,可求日出、日落时间 t_1、t_2。

对任意坡度为 α 的坡面,取树木 OS 所在 O 点为原点,过 O 作坡面垂线 OP,令 OP 在水平面 ω 上投影所在直线为 x 轴,投影反方向为正方向。x 轴逆时针旋转 90° 得到 y 轴。Oxy 为 ω 上的平面直角坐标系。将水平面 ω 绕 y 轴逆时针旋转 α,得到与坡面重合的平面 ω'(即坡面 ω')及该平面上的直角坐

标系 $Ox'y'$。这里，y 与 y' 轴重合。OS 以外的其他树木可根据其与 OS 的相对位置平移坐标系 $Ox'y'$。对于 ω' 上的点 $R(x',y')$，其在 ω 平面直角坐标系 Oxy 中投影点 R' 的坐标为 $R'(x,y)=R'(x'\cos\alpha,y')$。当 $\alpha=0°$ 时，南北为 x 轴，东西为 y 轴，正北、正西为正方向。

单木形成单冠遮光，其遮光面积的大小、方位的变化取决于冠形、冠长、太阳高度角与太阳方位角等多个因素的影响。常见的树冠可近似归纳为三种基本形状：

圆锥形，常见于壮年针叶树，如桧柏、落叶松、黑松、冷杉等；

圆球形，如槐树、樟树等；

圆柱形，如黑杨等。

（3）圆锥形树冠投影的特点。

林下参生长主要林分红松、落叶松树冠均为圆锥形，所以以下以圆锥形树冠投影为讨论对象。

① 平行投影。

当投影中心远离投影面时，各投影线之间的夹角必逐渐减小。如果发光点在无穷远时，则各投影线相互平行。已知平面 ω 与平面 ω' 相交于直线 SS'，直线 l 与两个平面都相交。ω 上的点、线、面等在平行于 l 的光线照射下形成的投影称为平行投影。

② 亲似对应。

a. 利用平行投影所建立的平面 ω 与 ω' 的一一对应关系称为亲似对应或透视仿射对应。

b. 直线 l 的方向称为亲似方向。

c. 交线 SS' 称为亲似对应轴，简称亲似轴。

d. 亲似轴上每个点的对应点与自身重合，亲似轴 SS' 的对应直线与自身重合。从两平面的相对位置关系可知，当两平面相互平行时，不存在亲似轴。这时，两平面之间对应图形的大小和形状都相同，称为合同图形。对于两相交平面，两对应图形就不是合同的。

③ 亲似对应的性质。

同素性、从属性与简比不变性是亲似对应的三个基本性质，也是利用平行投影所建立的对应的基本性质。

同素性：亲似对应中，点的投影对应点、直线的投影对应直线，这种性质称为"同素性"。

从属性：点与直线的从属关系在亲似对应中保持不变，这一性质称为"从属性"。

　　简比不变性:在亲似对应中,一个平面内的一条直线上三个点的简比等于对应平面上三个对应点的简比,即 $AC/BC=A'C'/B'C'$。亲似对应的这一性质称为"简比不变性"。

　　对任意圆锥形树冠(图 6.20),树高为 H,枝下高为 h,树冠锥顶为 S,圆锥底面圆心为 P,半冠幅为 r,圆锥底角为 A(其中 $A=\arctan[(H-h)/r]$);h_S 为水平面太阳高度角,I_B、I_C 分别为 $A\leqslant h_S<90°$ 和 $0<h_S<A$ 时的两条入射光线;树冠剖面 $\triangle SCE$ 与 $\triangle SAD$ 垂直相交于圆锥轴线,树冠剖面 $\triangle SAD$ 与入射光线平行且过圆锥轴线;SB、SF 分别为光线照射下树冠的阳面及阴面的交线,G 为 B、F 中点。当 $A\leqslant h_S<90°$ 时,G、B、F 分别与 P、C、E 重合。

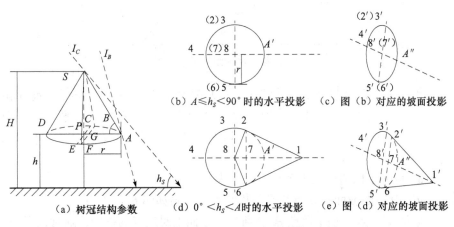

图 6.20　圆锥形树冠平面、坡面投影示意图

　　圆锥形的水平面投影存在两种情况:

　　当 $A\leqslant h_S<90°$ 时,投影如图 6.20(b)所示,为以点 8 为圆心、r 为半径的圆。

　　当 $0<h_S<A$ 时,投影如图 6.20(d)所示,为以点 8 为圆心、r 为半径的扇形及过圆外点 1 与圆相切的两条直线所围成区域。图 6.20(b)、(d)中,点 1、A'、2～8 分别为圆锥顶点 S、圆锥底面 $A\sim G$、点 P 的投影。点 1、4、7、8、A' 共线且位于树木主干的投影上,点 2、6 是直线 l_{12}、l_{16} 与圆心为点 8 的圆的切点。其中,点 8 为点 4 和点 A' 的中点,点 7 为点 2 和点 6 的中点。事实上,当点 1～6 互不重合时,这六个点是从树冠顶点投影 1 开始依逆时针顺序排列的。

2）水平面单株树冠投影关键点动态表达[97-100]

图 6.21 为水平面投影示意图。

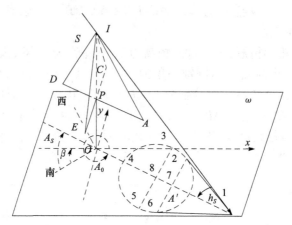

图 6.21　水平面投影示意图

水平面太阳高度角 $h_S \in [0°, 90°]$，太阳方位角 $A_S \in [0°, 360°]$，坡向角 $\beta \in [0°, 360°]$，$A_0 \in [0°, 360°]$ 为 x 轴逆时针旋转至树木主干水平投影的角度。$\beta > A_S$ 时，$A_0 = \beta - A_S$；$\beta \leqslant A_S$ 时，$A_0 = 360° + (\beta - A_S)$。当 $0 < h_S < A$ 时，求算点 1～8 坐标[99]。

3）坡面单株树冠投影关键点动态表达

$u_i' \neq 0$ 时的坡面投影点与平面投影点的关系如图 6.22 所示。

坡面 ω' 上点 $1'$～$8'$ 及点 A'' 分别为 ω 平面上对应点的投影。通常情况下，基株的主干投影不会与 $y(y')$ 轴重合，即 $u_i \neq u_i' \neq 0 (A_0 \in (0°~270°))$。求算点 $1'$～$8'$ 坐标。

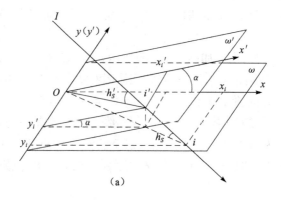

（a）

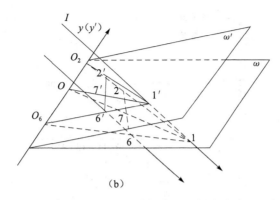

（b）

图 6.22　$u_i' \neq 0$ 时的坡面投影点与平面投影点关系示意图

4）坡面投影边界模型的建立

在坡面直角坐标系 $Ox'y'$ 内,借助椭圆上互不重合的五个点,得到圆心为点 $8'$ 的椭圆 $F(x', y') = a_1 x'^2 + a_2 x' y' + a_3 y'^2 + a_4 x' + a_5 y' + 1 = 0$。借助直线上已知两点,确定直线 $l_{1'2'}$ 与直线 $l_{1'6'}$ 相交的函数 $G(x', y')$ 及直线 $l_{2'6'}$,求出阴影边界曲线 $Z(x', y')$。

5）坡面红松投影面积

各时段两曲线插值结果相关系数均大于等于 0.928,相关系数的显著性概率水平均达到 0.01。根据不同时间计算值与实测值间相关系数的变化(图 6.23)可以看出,正午 10:00～13:00 时刻拟合效果较 8:00、9:00 和 14:00 时刻更为理想。由于试验以正圆锥模拟树冠,边界差异主要来自计算误差及太阳辐射半影效应对实测边界描绘的影响。8:00、9:00 和 14:00 时刻的模拟误差主要源于当时太阳高度较小,太阳辐射半影效应十分明显。

从模型本身的表达,无论是从我国林地分布地形的实际出发,还是从环境动态模拟、量化的角度都更具实用性:除了可通过积分求得阴影面积,还可通过坐标平移得出林内任意与基株相对位置已知的树木投影边界,进而对林下阴影区、透光区、阴影交叠区域进行划分;可对林内任意选定区域的未来遮阴面积、邻体遮阴影响等进行理论计算;有了确定的坐标范围,还可将树冠遮阴的动态与林下辐射、温度、湿度变化乃至光、热传输联系起来,对确定位置的太阳辐射等环境因素进行定量,最终实现林下环境的模拟和预测。

对函数 $Z(x', y') = 0$ 进行积分计算求得遮阴面积,再与实测投影面积进行线性回归分析,得到方程为

$$Y = 0.997X + 1.262$$

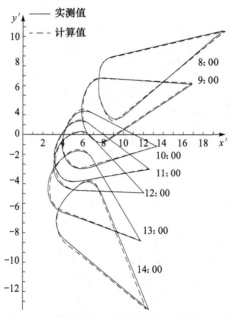

图 6.23　模拟圆锥树冠实测值与计算值比较

　　实测面积与计算面积的线性关系如图 6.24 所示。自变量 X 为实测的阴影面积,因变量 Y 为计算得到的阴影面积,自变量 X 的回归系数达到 0.997,即斜率接近于 1,显著性水平 P 达到 0.001,模拟效果较理想。计算值与实测值的差异主要来自计算误差及太阳辐射半影效应对实测边界描绘的影响。总体来看,该模型可较精确地模拟正圆锥体在坡面上的实际投影。

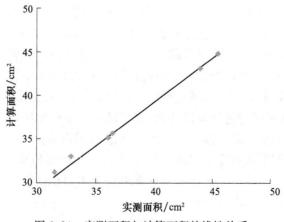

图 6.24　实测面积与计算面积的线性关系

由于模拟试验的坡度、坡向为任意选定,虽无法反映所有可能情况,但具备一定的随机性。对于实际地形、实际树冠,投影规律与模拟圆锥一致,只是树冠锥体体积更大。所以,该模型对实际树冠坡面投影模拟效果的精确与否主要取决于树冠与正圆锥体的接近程度。系统效果如图 6.25 所示。

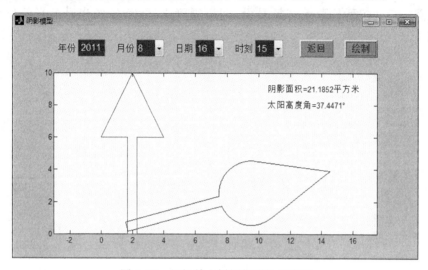

图 6.25　红松单木树冠投影边界模型

2. 林下参种植光环境的栽培适宜性评价

以基于 FIS 的光环境综合评价模型的构建为基础,在该预测模块中可以根据地理条件、气候条件和植被条件的数据输入,即时给出不同的林下参生长适宜性的综合评价指数,如图 6.26 所示。

图 6.26　林下参生长适宜性综合评价结果

6.3.3　帮助模块

　　该模块包括"历史查询"选项,可以查询全国 760 个气象点统计的 1961~2000 年数据。其中包括四部分内容:太阳辐射、光合有效辐射、平均气温和平均降水量。按下拉菜单选择月份,即可得到上述 40 年中当月的平均气象数值。

第 7 章 总　　结

本书以林下参光环境为研究对象,采用机器学习和模式识别方法,提出了自适应数据处理算法,建立了林下参光环境预测模型,并构建了光环境预测和评价系统。

本书主要研究结果和结论如下。

1) 研究了面向自适应数据处理的非线性 Fourier 分析方法

为更好地处理非线性、非平稳信号,以及提高对此类信号处理方法的适应性,本书基于目前在此领域的研究成果,通过分析推导,提出了一种适用于非线性、非平稳信号的快速分解算法,将信号用具有物理意义的、非常值的瞬时频率的信号表示。

2) 建立了树木生长模型及林下参净光合速率预测模型

根据林下参栽培对树种选择的要求,林种选定红松人工林。作为林下参的第一遮阴屏障——树木生长模型对林下参生长光环境的预测与评价具有重要意义。为满足林下光环境预测的需要,本书以红松冠幅、冠长和树高作为其生长指标,分别构建其生长模型。同时,选取林下光环境因子中对林下参生理特性有重要影响的若干指标作为研究变量,通过分析研究,建立了林下参光环境多因素的偏最小二乘预测模型,并对影响其光生理特性的因素进行了权重分析;在此基础上,利用神经网络和模糊数学理论,构建了林下参净光合速率的ANFIS预测模型,该模型具有较好的自学习和较强的泛化能力,预测精度较高。

3) 设计了林下参种植光环境数据采集系统和光环境预测与评价系统

针对林下参的实际培育特点,设计了一套林下参种植光照情况实时监测和采集系统,一方面可以显著降低传统方法的成本,另一方面能实现对林下参光照条件等环境参数的实时监测,同时系统软件集成了自适应数据处理算法,具有良好的降噪功能,为林下参种植光环境的预测与评价提供了试验数据基础。

在此基础上,构建了林下参光环境预测与评价系统,该系统集成了林下参光环境模型预测算法,同时根据测定得到的林下参种植所处的地理、气候和植被等各方数据,对林下参种植光环境的地域栽培适宜性作出了综合评价。

参 考 文 献

[1] 李烨,褚国英. 林下光环境研究进展及其对经济植物生长的影响[J]. 山东林业科技,2009,181(2):131-132.

[2] 程海涛,许永华,郭爽,等. 人参光环境研究进展[J]. 人参研究,2010,1(3):27-30.

[3] Bellow J G, Nair P K R. Comparing common methods for assessing understory light-availability in shaded-parennial agroforestry systems[J]. Agriculture and Forest Meteorology,2003,114:197-211.

[4] 于海业,张蕾. 人参生长光环境研究进展[J]. 生态环境,2006,15(5):1101-1105.

[5] Bazzaz F A. Plants in Changing Environments:Linking Physiological,Population,and Community Ecology[M]. Landon:Cambridge University Press,1996.

[6] 王忠. 植物生理学[M]. 北京:中国农业出版社,2000.

[7] 关德新,金明淑,徐浩. 长白山阔叶红松林冠层透射率的定点观测研究[J]. 林业科学,2004,40(1):31-34.

[8] 潘晓东,陈启璟,常杰,等. 青冈常绿阔叶林的太阳辐射分布特征[J]. 浙江农业大学学报,1997,23(1):1-6.

[9] 刘乃壮,熊勤学. 农桐间作农田的太阳辐射特征与小麦产量效应[J]. 气象学报,1992,50(4):469-477.

[10] Boashash B. Estimating and interpreting the instantaneous frequency of signal fundamentals[C]. Proceedings of the IEEE,1992,80:520-538.

[11] Cohen L. Time-frequency analysis:Theory and applications[J]. Journal of the Acoustical Society of America,1995,134(5):4002

[12] Daubechies I. Ten Lectures on Wavelets[M]. Philadelphia:SIAM,1992.

[13] Huang N E. The empirical mode decomposition and the Hilbert spectrum for nonlinear and non-stationary time series analysis[C]. Proceedings of the Royal Society A—Mathematical,Physical and Engineering Sciences,1998,454:903-995.

[14] Wu Z H,Huang N E. Ensemble empirical mode decomposition:A noise assisted data analysis method[J]. Advances in Adaptive Data Analysis,2011,1(1):1-41

[15] Huang N E,Wu M C,Long S R,et al. Confidence limit for the empirical mode decomposition and Hilbert spectral analysis[C]. Proceedings of the Royal Society A—Mathematical,Physical and Engineering Sciences,2003,459:2317-2345.

[16] Huang N E,Shen Z,Long S R. A new view of nonlinear water waves:The Hilbert

spectrum[J]. Review of Fluid Mechanics,1999,31:417-457.

[17] Huang N E,Shih H H,Shen Z,et al. The ages of large amplitude coastal seiches on the Caribbean Coast of Puerto Rico[J]. Journal of Physical Oceanography,2000,30: 2001-2012.

[18] Sharpley R C,Vatchev V. Analysis of the intrisinc mode functions[J]. Constructive Approximation,2006,24:17-47.

[19] Qian T. Characterization of boundary values of functions in Hardy spaces with applications in signal analysis[J]. Journal of Integral Equations and Applications,2005, 17:159-198.

[20] Qian T. Mono-components for decomposition of signals[J]. Mathematical Methods in the Applied Sciences,2006,29:1187-1198.

[21] Xu Y,Yan D. The Hilbert transform of product functions and the Bedrosian identity [C]. Proceedings of the American Mathematical Society,2006,134:2719-2728.

[22] Qian T,Wang R,Xu Y S,et al. Orthonormal bases with nonlinear phases[J]. Advances in Computational Mathematics,2010,33:75-95.

[23] Wang R,Xu Y S,Zhang H. Fast nonlinear Fourier expansions[J]. Advances in Adaptive Data Analysis,2009,1:373-405.

[24] Griebel M,Knapek S. Optimized tensor-product approximation spaces[J]. Constructive Approximation,2000,16:525-540.

[25] Knapek S. Hyperbolic cross approximation of integral operators with smooth kernel [R]. Technical Report 665,SFB 256. Bonn: University of Bonn,2000.

[26] Fefferman C. On the convergence of multiple Fourier series[J]. Bulletin of the American Mathematical Society,1971,77:744-745.

[27] Picibono B. On instantaneous amplitude and phase of signals[J]. IEEE Transactions on Signal Processing,1997,45:552-560.

[28] Gab D. Theory of communication[J]. The Journal of the Institute of Electrical Engineers,1946,93:429-457.

[29] Frank K,Heinrich S,Pereverzev S. Information complexity of multivariate Fredholm equations in Sobolev classes[J]. Journal of Complexity,1996,12:17-34.

[30] Pereverzev S. Hyperbolic cross and the complexity of the approximate solution of Fredholm integral equations of the second kind with differentiable kernels[J]. Siberian Mathematical Journal,1991,32:85-92.

[31] Temlyakov V. Approximation of functions with bounded mixed derivative[J]. Proceedings of the Steklov Institute of Mathematics,1986,178:1-112.

[32] Baszenski G,Delvos F J. A discrete Fourier transform scheme for Boolean sums of trigonometric operators[J]. Multivariate Approximation Theory IV,1989,90:15-24.

[33] Gradinaru V. Fourier transform on sparse grids:Code design and the time dependent Schrödinger equation[J]. Computing,2007,80:1-22.

[34] Gradinaru V. Strang splitting for the time dependent Schrödinger equation on sparse grids[J]. SIAM Journal on Numerical Analysis,2007,46:103-123.

[35] Hallatschek K. Fourier transform on sparse grids with hierarchical bases[J]. Numerical Mathematics,1992,63:83-97.

[36] Jiang Y,Xu Y. Fast discrete algorithms for sparse Fourier expansions of high dimensional functions[J]. Journal of Complexity,2010,26:51-81.

[37] Temlyakov V. Approximation of Periodic Functions[M]. New York:Nova Science Publishers,1993.

[38] Oppenheim A V,Lim J S. The importance of phase in signal[C]. Proceedings of the IEEE,1981,69:529-541.

[39] Grafakos L. Classical and Modern Fourier Analysis[M]. Englewood Cliffs:Prentice Hall,2004.

[40] Chen Z,Micchelli C A,Xu Y. A construction of interpolating wavelets on invariant sets[J]. Mathematics Computation,1999,68:1569-1587.

[41] Wang B,Wang R,Xu Y. Fast Fourier-Galerkin methods for first-kind logarithmic-kernel integral equations on open arcs[J]. Science China Mathematics,2010,53:1-22.

[42] 李国勇. 智能预测控制及其 MATLAB 实现[M]. 北京:电子工业出版社,2010.

[43] 徐丽娜. 神经网络控制[M]. 北京:电子工业出版社,2003.

[44] 王洪元,史国栋. 人工神经网络技术及其应用[M]. 北京:中国石化出版社,2003.

[45] 葛哲学,孙志强. 神经网络理论与 MATLAB R2007 实现[M]. 北京:电子工业出版社,2007.

[46] 王士同. 人工智能教程[M]. 北京:电子工业出版社,2001.

[47] 张仰森. 人工智能原理与应用[M]. 北京:高等教育出版社,2004.

[48] 武海巍. 核函数与仿生智能算法在林下参光环境评价系统中的研究[D]. 长春:吉林大学,2012.

[49] 李士勇. 模糊控制神经控制和智能控制论[M]. 哈尔滨:哈尔滨工业大学出版社,1998.

[50] 阎平凡,张长水. 人工神经网络与模拟进化计算[M]. 北京:清华大学出版社,2000.

[51] 李国勇. 神经模糊控制理论及其应用[M]. 北京:电子工业出版社,2009.

[52] 吴晓莉. MATLAB 辅助模糊系统计算[M]. 西安:西安电子科技大学出版社,2002.

[53] 席裕庚. 预测控制[M]. 北京:国防工业出版社,1993.

[54] 王立新. 自适应模糊系统与控制[M]. 北京:国防工业出版社,1995.

[55] 徐昕,李涛,等. MATLAB 工具箱应用指南——控制工程篇[M]. 北京:电子工业出

版社,2000.

[56] 任跃英,陈红梅,王秀全,等.人参种植业的若干问题分析[J].中药材,2001,24(10):753-755.

[57] Richard H G. The influence of the sky radiation on the flux density in the shadow of a tree crown[J]. Agricultural and Forest Meteorology,1985,35:59-70.

[58] Lin P. Phytocoenology[M]. Shanghai: Shanghai Science and Technology Press, 1986.

[59] Pearcy R W,Yang W. A three-dimensional crown architecture model for assessment of light capture and carbon gain by understory plants[J]. Oecologia,1996,108:1-12.

[60] Nicotra A B,Chazdon R L,Iriarte S V B. Spatial heterogeneity of light and woody seedling regeneration in tropical wet forests[J]. Ecology,1999,80(6):1908-1926.

[61] Wu Z M,Huang C L,Wei C L. Light effect of gaps in Huangshan pine community and regeneration of Huangshan pine[J]. Chinese Journal of Applied Ecology,2000, 11(1):13-18.

[62] Lee D W,Baskaran K,Mansor M,et al. Irradiance and spectral quality affect Asian-tropical rainforest tree seedling development[J]. Ecology,1996,77(2):568-580.

[63] 孙濡永,李博,诸葛阳,等.普通生态学[M].北京:高等教育出版社,1993.

[64] Yirdaw E,Luukkanen O. Photosynthetically active radiation transmittance of forest plantation canopies in the Ethiopian highlands[J]. Forest Ecology and Management, 2004,188:17-24.

[65] 韩海荣,姜玉龙.栓皮栎人工林光环境特征的研究[J].北京林业大学学报,2000,22 (4):92-96.

[66] 常杰,潘晓东,葛莹,等.青冈常绿阔叶林内的小气候特征[J].生态学报,1999,19 (1):68-75.

[67] Pearcy R W. Sunflecks and photosynthesis in plant canopies[J]. Annual Review of Plant Physiology and Plant Molecular Biology,1990,41:421-453.

[68] Ustin S L,Woodward R A,Barbour M G,et al. Relationships between sunfleck dynamics and red fir seedling distribution[J]. Ecology,1984,65:1420-1428.

[69] Mariscal M J,Orgaz F,Villalobos F J. Modelling and measurement of radiation interception by olive canopies[J]. Agriculture and Forest Meteorology,2000,100:183-197.

[70] 邵国凡.红松人工单木生长模型的研究[J].东北林业大学学报,1985,(3):38-46.

[71] 邓红兵,王庆礼.红松、长白落叶松树高生长模型的研究及应用[J].辽宁林业科技, 1997,(5):25-28,24.

[72] Richard L. Forest Microclimatology[M]. New York: Columbia University Press, 1978.

[73]　吴力立,王宗淳. 树冠遮阴动态研究[J]. 南京林业大学学报,1991,15(2):61-66.

[74]　李树人,赵勇. 树冠遮光数学模型的研究[J]. 河南农业大学学报,1994,28(4):361-366.

[75]　武海巍,于海业,张蕾. 林下参光照强度实时监控系统[J]. 农业工程学报,2011,(4):225-229.

[76]　王定成,姚岚,汪樊华. 基于 USB 的温室环境便携式数据采集器[J]. 农业工程学报,2007,23(10):172-176.

[77]　郭志伟,张云伟,李霜,等. 基于 GSM 的农田气象信息远程监控系统设计[J]. 农业机械学报,2009,40(3):161-166.

[78]　中国科学院中国植物志编辑委员会. 中国植物志第七卷[M]. 北京:科学出版社,1978.

[79]　Montieth J L. Vegetation and Atmosphere[M]. London:Academic Press,1975.

[80]　Campbell G S,Norman J M. An Introduction to Environmental Biophysics[M]. New York:Springer,1998.

[81]　王正非,朱廷曜,朱劲伟. 森林气象学[M]. 北京:中国林业出版社,1985.

[82]　姚丽华. 农业气象学[M]. 北京:中国林业出版社,1992.

[83]　郑万钧. 中国树木志[M]. 北京:中国林业出版社,1983.

[84]　刘建栋,傅抱璞,卢其尧,等. 人工林内太阳总辐射动态模拟的研究[J]. 中国农业气象,1996,17(5):28-30.

[85]　洪佳华,马月华,刘明孝,等. 光强、光质对人参光合的影响[J]. 中国农业气象,1995,16(1):122-125.

[86]　张志平. 林下参种植光环境评价系统的研究[D]. 长春:吉林大学,2007.

[87]　姚男. 不同光强和海拔条件下林下参光合特性的研究[D]. 长春:吉林农业大学,2008.

[88]　吴德成,牟兆军,柏松林,等. 林下与效应带种植人参环境因子的动态变化[J]. 植物研究,1995,15(1):118-128.

[89]　刘琪璟,戴洪才,王贺新. 林下人参生理特性和生长与林内生态因子的关系[J]. 应用生态学报,1997,8(4):353-359.

[90]　李洪兴,汪培庄. 模糊数学[M]. 北京:国防工业出版社,1994.

[91]　李洪兴. 工程模糊数学方法及其应用[M]. 天津:天津科学技术出版社,1993.

[92]　王士同,等. 模糊数学在人工智能中的应用[M]. 北京:机械工业出版社,1991.

[93]　许志群,吴海霞. 射影几何基础[M]. 北京:高等教育出版社,1987.

[94]　Norman J M,Welles J M. Radiative transfer in an array of canopies[J]. Agronomy Journal,1983,75:481-488.

[95]　de Jager J M. Accuracy of vegetation evaporation ratio formulae for estimating final wheat yield[J]. leice Transactions on Fundamentals of Electronics Communications

&. Computer Sciences,1994,71(6):1480-1486.

[96]　Chazdon R L. Sunflecks and their importance to forest understory plants[J]. Advance of Ecological Research,1988,18:1-62.

[97]　Xu Y,Liu B,Liumode J,et al. Two-dimensional empirical mode decomposition by finite elements[J]. Proceedings of the Royal Society A—Mathematical,Physical and Engineering Sciences,2006,462:3081-3096.

[98]　Young R M. An Introduction to Nonharmonic Fourier Series[M]. New York:Academic Press,1980.

[99]　Zygmund A. Trigonometric Series[M]. Cambridge:Cambridge University Press,1959.

[100]　张蕾. 林下参种植光环境模型研究[D]. 长春:吉林大学,2007.